AF289953

Dr. Bahram Bahrami

Physik und Astronomie
in der
Sackgasse

Der Autor, Dr. Bahram Bahrami, hat Medizin und Physik studiert und ist Facharzt für innere Medizin . Er beschäftigt sich mit der theoretischen Forschung der Naturwissenschaften mit dem Schwerpunkt Astronomie Physik und Medizin, hat zahlreiche bahnbrechende Theorien entwickelt, viele Entdeckungen gemacht und bereits mehrere Bücher publiziert.

Herstellung und Verlag : Books on Demand GmbH , Norderstedt

ISBN: 978-3-8370-5604-4

Die Prinzipien der Natur sind meist sehr einfach. Die Einfachheit ist jedoch so groß , daß sie zu durchschauen äußerst schwer sein kann.

Dr. B. Bahrami

Für die freundliche Überlassung der Bilder möchte ich mich bei Nasa-Hubble und PixelQuelle.de bzw. Pixelio.de bedanken .

Dieses Buch wird meiner lieben Frau Gerda gewidmet.

Inhaltsverzeichnis

Einleitung

Dieses Buch wendet sich nicht nur an Fachleute, sondern auch an das breite interessierte Publikum . Deswegen wurde bewußt versucht , so weit wie möglich , die Thematik durch einen relativ einfachen und gut verständlichen Text, durch Abbildungen, Graphiken und Zeichnungen auch für interessierte Laien verständlich und zugänglich zu machen.

Die Astronomie und Physik befinden sich in einer Sackgasse und kommen nicht vorwärts , da sie seit Jahrzehnten krampfhaft an einigen festgefahrenen Theorien, Prinzipien, Gesetzen, und Vermutungen festhalten , die nicht richtig sind.

Deswegen werden in diesem Buch einige markante Beispiele dafür gegeben und zwar nicht nur das, sondern es werden insbesondere Wege aufgezeigt und ausführlich dargestellt, wie sie aus der Sackgasse herauskommen können und die großen Fehler werden korrigiert und dadurch gleichzeitig diese Fächer stark modernisiert.

Deswegen sind dieses Buch und die gesamte Kritik nicht destruktiv , sondern im Gegenteil ganz konstruktiv.

Die Zeit ist deswegen reif für einen frischen Wind.

Es werden ferner viele Rätsel gelöst, sowie viele Phänomene erklärt, die bisher unerklärbar, unverständlich oder völlig rätselhaft waren . Der Autor setzt sich außerdem mit diesen Phänomenen kritisch auseinander und versucht sie zu begründen und auch für die Laien verständlich zu machen.

Sie finden in diesem Buch ferner einige interessante Theorien von mir , über einige Phänomene , die bisher ebenfalls rätselhaft waren ,und zwar in äußerst logischer, und soweit möglich ebenfalls in allgemein verständlicher Form.

Ich kann Ihnen an dieser Stelle schon soviel verraten, daß die in diesem Buch abgehandelten äußerst faszinierenden Phänomene und deren Erklärungen jeden von uns beeindrucken und faszinieren werden.

Es wurde   bewußt versucht, **auf jeglichen unnötigen Ballast und jede Umschweife zu verzichten** , um das Buch möglichst kompakt und übersichtlich zu halten, und ferner um viel Platz zu lassen für eigene Phantasien der Leser.

Dieses Buch unterscheidet sich im übrigen in vielerlei Hinsicht von vielen anderen Büchern, die nur bekannte Tatsachen und Erkenntnisse wiedergeben bzw. wiederholen, und die Sachen beschreiben, ohne eine Begründung dafür zu geben bzw. sich damit kritisch auseinanderzusetzen, und ist aus diesen Grunde weniger reproduktiv, sondern insbesondere völlig innovativ, kreativ und schöpferisch ,und erschließt deswegen sehr viel Neuland .

Mehr möchte ich Ihnen an dieser Stelle nicht verraten, vielmehr es Ihnen selbst überlassen, die Faszinationen dieses Buches bei der Lektüre selbst zu entdecken.

Dr. B. Bahrami

Kapitel 1

Einführung in die Thematik

Die Astronomie und Physik halten seit Jahrzehnten krampfhaft fest an einigen festgefahrenen Prinzipien, Gesetzen , Vermutungen und Theorien , wie an der Urknalltheorie, deren Unrichtigkeit mittlerweile zum Himmel schreit ,und kommen deswegen in grundsätzlichen Dingen nicht voran und befinden sich praktisch in einer Sackgasse.

Es haben sich einige feste Meinungen etabliert, die zwar nicht richtig sind , an denen aber trotzdem evt. mangels an Alternativen krampfhaft festgehalten wird. Es haben sich ferner größere Irrtümer eingeschlichen, die nicht bemerkt worden sind . Die Geschichte von Ptolemäus scheint sich zu wiederholen.

Es ist höchste Zeit ,diese Probleme endlich aufzudecken und darzustellen, um welche

Probleme es sich hierbei handelt und vor allem , daß Wege aufgezeichnet werden, wie Physik und Astronomie aus der Sachegasse herausgeführt werden können.

Es ist höchste Zeit für einen frischen Wind, für eine neue Denkrichtung, für größere bahnbrechende Theorien und Entdeckungen, die die Physik und Astronomie nicht nur aus der Sackgasse herausführen, sondern sie insgesamt stark modernisieren und ein erhebliches Stück nach vorne bringen.

Deswegen werden in diesem Buch einige der größten solcher Probleme und Missstände ausführlich dargestellt , aber nicht nur das, sondern es werden insbesondere Wege aufgezeigt und ausführlich dargestellt, wie die Physik und Astronomie aus der Sackgasse herauskommen und wie die großen Fehler korrigiert werden können, und dadurch gleichzeitig diese Fächer stark modernisiert.

Deswegen sind dieses Buch und die gesamte Kritik keineswegs destruktiv , sondern im Gegenteil ganz konstruktiv.

Unsere heutige Physik ist praktisch eine Physik der Idealfälle und Sonderzustände , und hat somit nur ein sehr begrenztes Anwendungsgebiet. Auch die meisten physikalischen Formeln können nur **Idealfälle** berechnen und versagen total bei komplizierten Zuständen, die jedoch in der Natur sehr häufig anzutreffen sind bzw. fast die Regel sind.

Auch unsere heutige Astronomie steht nicht viel besser da. Z.B. die Urknalltheorie ist nicht richtig und hat mit der Realität wenig zu tun und auch die Relativitätstheorien von Einstein sind nachweislich nicht richtig.

Es werden äußerst kostspielige Projekte durchgeführt, und stur immer weitergeführt ,deren Erfolglosigkeit eindeutig vorauszusehen sind und die somit von vornherein zum Scheitern verurteilt sind.

Es wird zu viel getan und viel zuwenig nachgedacht.

Sie werden   gleichzeitig **viele faszinierende Phänomene kennenlernen** und das Wesen unseres Universums besser verstehen können. Es wird ebenfalls gezeigt werden, ob unsere Verhältnisse und Maßstäbe auf unserer Erde Anspruch auf Gültigkeit haben für das ganze Universum bzw. ob sie übertragbar sind auf andere Gebiete des Universums .

Unser ganzes Universum ist voller Geheimnisse und Rätsel

Mehr will ich Ihnen an dieser Stelle nicht verraten und überlasse Ihnen selbst, durch die Lektüre dieses Buches die Faszinationen dieses Buches selbst zu entdecken.

Kapitel 2

Sind die heutigen Experimente

der Teilchenphysik

sinnvoll und brauchbar ?

Die heutigen Experimente der sogenannten Teilchenphysik beruhen bekanntlich darauf, daß verschiedene **Teilchen (z.B. Elektronen) aufeinander geschossen werden, d.h. gegeneinander geschleudert werden.** Das geschieht in der Regel durch die sogenannten **Teilchenbeschleuniger**, wodurch die Teilchen auf beträchtliche Geschwindigkeiten beschleunigt werden. Solche Teilchenbeschleuniger gibt es z.B. in der Schweiz nahe Genf, in Deutschland (Hamburg) und mehrfach in der USA.

Aufgrund der dadurch gewonnenen Ergebnisse werden neue Modelle aufgebaut bzw. entwickelt , wobei das Schwergewicht der Untersuchungen bei **Elementarteilchen** liegt.

So ist z.B. das sogenannte **Standardmodell** der Elementarteilchen entwickelt worden.

Die durch diese Zusammenstöße gewonnenen Ergebnisse sind praktisch de Grundlage unserer heutigen Kenntnisse über die Elementarteilchen und über den Aufbau der Materie.

Die Elementarteilchen sind bekanntlich die kleinsten Bestandteile der Materie und sind nicht mehr teilbar.

Aufgrund des dadurch entwickelten sogenannten **Standardmodells** sollen **12 Teilchen** und **12 Antiteilchen** mit den phantasievollen Namen **Leptonen, Quarks, Antileptonen und Antiquarks** existieren.

Man nimmt ferner an, daß die Übertragung der Kräfte (wie z.B. elektromagnetische Kraft) **durch Austausch von Teilchen** geschieht mit den ebenfalls phantasievollen Namen **Bosonen, Gluonen und Graviton.**

Sehr bezeichnend für die Teilchenphysik ist im übrigen, daß die angebliche Zahl und die Vorstellung über die Zusammengehörigkeit der Elementarteilchen im Laufe der letzten Jahrzehnte sich mehrmals geändert hat.

Nach den heutigen   neuesten Erkenntnisse sollen **6 Leptonen und 6 Quarks** existieren, mit jeweils **3 Familien**, die ihrerseits aus **2 verschiedene Typen** bestehen.

Außerdem **6 Antileptonen** und **6 Antiquarks** mit ebenfalls jeweils **3 Familien**, die ihrerseits aus **2 verschiedenen Typen** bestehen

Wie bereits erwähnt, **sind die durch diese Zusammenstöße gewonnenen Ergebnisse praktisch die Grundlage unserer heutigen Kenntnisse über die Elementarteilchen und über den Aufbau der Materie.**

Es erhebt sich nur die sehr berechtigte Frage , ob die durch Kollision der Teilchen gewonnen Kenntnisse zuverlässig und brauchbar sind.

Anhand der 2 nachfolgenden sehr einfachen und für jeden sehr gut vorstellbaren Beispiele möchte ich versuchen diese Frage zu beantworten und die Sache für jedermann anschaulich zu machen:

1. **Stellen Sie sich vor, Sie lassen nacheinander gleichartige Porzellanteller herunterfallen** und auf dem Boden zerbrechen, oder versuchen sogar sie mit Kraft gegen den Boden zu zerschmettern. **Die entstandenen Bruchstücke sehen selbstverständlich nicht gleich aus, sondern haben verschiedene Formen und Größen, obwohl sie alle z.B. vom gleichen Teller-Typ stammen. Die Teller zerfallen dadurch keineswegs in Ihre Bestandteile.**

   Wenn wir die Versuchsbedingungen standardisieren würden, würden die Bruchstücke ähnlicher werden. **Aber auch solche Versuche sind keineswegs dazu geeignet die tatsächlichen Bestandteile der Teller , aus denen sie aufgebaut sind, festzustellen.**

2. **Oder Sie haben einige zerbrechliche Gegenstände der gleichen Art (z.B. Glasvasen) und schleudern jeweils 2 solcher Gegenstände gegeneinander,** Das Ergebnis brauchte nicht einmal erwähnt zu werden . Selbstverständlich sehen die jeweiligen

Bruchstücke verschieden aus und auch hier ist klar, daß auch **solche Wurf- bzw. Schleuder-Experimente keineswegs dazu geeignet sind, die tatsächlichen Bestandteile der Vasen zu entdecken.**

Die Verhältnisse bei diesen Beispielen sind zwar nicht ganz identisch mit den Verhältnissen bei den Experimenten der Teilchenphysik , trotzdem helfen Sie uns in beträchtlichem Maße zu sehen , worum es hier geht und den Fehler bei diesen Experimenten der Teilchenphysik zu sehen und zu verstehen.

Die heutigen Experimente der Teilchenphysik sind also keineswegs als zuverlässig anzusehen . Teilchen gegeneinander zu schleudern und versuchen aufgrund der dadurch erzielten Ergebnisse auf den Materienaufbau zu schließen , ist schon als Methode keineswegs geeignet .

Die gewonnenen Erkenntnisse aufgrund der Experimente der Teilchenphysik stehen somit auf sehr wackligen Füßen und sind keineswegs als bare Münze zu sehen.

Sehr bezeichnend ist in diesem Zusammenhang die Tatsache, daß die dadurch gewonnenen Ergebnisse des Aufbaus der Materie aus verschiedenen Elementarteilchen **schon mehrmals revidiert und korrigiert worden sind , eine Tatsache, die meine obige Darstellung bestätigt und unterstreicht.**

Im übrigen muß auch die angenommene Übertragung der Kräfte durch Teilchenaustausch ebenfalls als

äußerst fragwürdig und problematisch angesehen werden und wirft erhebliche Fragen auf, die weder logisch, noch lösbar erscheinen.

Eine Übertragung durch Wellen würde meines Erachtens die Problematik erheblich besser lösen.

Zusammengefasst sind unsere heutigen Erkenntnisse über die sogenannten Elementarteilchen , über den Aufbau der Materie und über die Übertragung der Kräfte sehr wahrscheinlich keineswegs richtig und könnten schon morgen völlig anders aussehen.

Ich möchte anregen, über diese Mißstände nachzudenken und für den Bereich der sogenannten Teilchenphysik möchte ich dringend andere Experimente vorschlagen, die zuverlässigere Ergebnisse liefern.

Die Relativitätstheorien

von Einstein

sind nicht richtig

1. Allgemeine Relativitätstheorie von Einstein:

Im Rahmen meines Buches „ Sind die Relativitätstheorien von Einstein richtig?, meine energetische Relativitätstheorie" konnte ich 20 Beweise anführen, die die allgemeine Relativitätstheorie eindeutig widerlegen , sodaß es als eindeutig nachgewiesen gilt, daß die allgemeine Relativitätstheorie von Einstein nicht richtig ist.

Alleine durch 7 Experimente bzw. Beispiele konnte ich zeigen und beweisen ,daß schon die Grundlagenüberlegungen bzw. das Grundpostulat von

Einstein zwecks Ableitung der Raumkrümmung in seiner allgemeinen Relativitätstheorie , nämlich das sogenannte

"Prinzip der Äquivalenz von Trägheit und Schwere " nachweislich nicht zutreffend ist und daß ein Betroffener bzw. ein Beobachter sehr wohl in der Lage ist, experimentell zu unterscheiden, ob er gerade eine gleichmäßig beschleunigte Bewegung ausführt, oder ob er sich in einem Gravitationsfeld befindet und deswegen beschleunigt wird .

Da schon das Grundpostulat bzw. sozusagen das Fundament der allgemeinen Relativitätstheorie von Einstein nicht richtig ist , zerbricht schon dadurch die gesamte allgemeine Relativitätstheorie von Einstein in sich zusammen.

Dort habe ich ferner gezeigt und bewiesen, daß der Raum nicht gekrümmt ist und auch nicht krumm sein kann , und ferner ,daß eine Gravitationswirkung auch bei nachweislich gerade verlaufendem Raum vorhanden sein kann .

Vor kurzem konnte außerdem in den USA gezeigt werden, daß auch die Formeln der allgemeinen Relativitätstheorie nicht richtig sind. Es hat vermutlich solange gedauert bis man dies nachgewiesen hat, weil es sich um äußerst komplizierte Formeln handelt.

2. Spezielle Relativitätstheorie von Einstein : Was die spezielle Relativitätstheorie von Einstein anbetrifft, so geht sie von der Annahme aus und beruht darauf, daß das   Licht die Lichtgeschwindigkeit von 300 000 km/s nicht überschreiten kann.

Mittlerweile ist aber von verschiedenen Wissenschaftlern **durch Experimente nachgewiesen worden, daß das Licht die Lichtgeschwindigkeit von 300 000 km/s wohl überschreiten kann**

Deswegen ist auch die spezielle Relativitätstheorie von Einstein nicht richtig.

Somit sind sowohl die allgemeine Relativitätstheorie als auch die spezielle Relativitätstheorie von Einstein in dieser Form nicht richtig und praktisch gegenstandslos.

Es handelt sich hierbei um 2 der größten Irrtümer der Physik und Astronomie überhaupt, die sowohl die Physik als auch die Astronomie erheblich zurückgeworfen haben , die darüber hinaus zahlreiche Folgeirrtümer verursacht haben und außerdem einen erheblichen finanziellen Schaden angerichtet haben (Näheres s. mein Buch „ Sind die Relativitätstheorien vom Einstein richtig?).

Die beiden Relativitätstheorien von Einstein müssen korrigiert , ergänzt und zusammengelegt werden .Sie sind ein Teilgebiet bzw. eine Sonderform meiner energetischen Relativitätstheorie (s. mein Buch „Sind die Relativitätstheorien von Einstein richtig? Meine energetische Relativitätstheorie").

Kapitel 4

Raumkrümmung,

Realität oder Phantasie?

Die von Einstein behauptete Krümmung des Raumes unter der Einwirkung der Gravitation ist **keine Realität** , sondern das Produkt von **Wechselwirkungen von 2 Faktoren** bzw. 2 Kräften, und somit nur **scheinbar** .

Sie ist das Produkt einer Idee, die nicht zu Ende gedacht ist..

Die **scheinbare** Raumkrümmung durch die Gravitation kommt vielmehr durch die gegenseitige Beeinflussung von der Gravitation und einer Bewegung (z.B. Licht) zustande .

Als Beweis für die behauptete Krümmung des Raumes durch die Gravitation wurde folgende Beobachtung bzw. folgendes Naturexperiment angeführt :

Die Lichtstrahlen der Sterne, die in der Nähe der Sonne vorbeilaufen, werden abgelenkt, sodaß die betreffenden Sterne etwas versetzt erscheinen   (s. nachfolgende schematisiert dargestellte Abb. 1) :

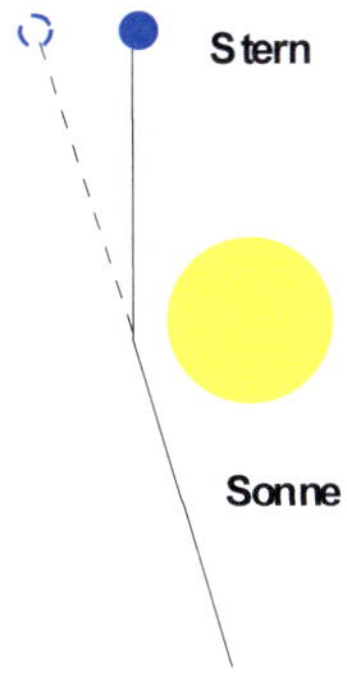

Abb. 1

Dies konnte bei Sonnenfinsternissen beobachtet werden .

Zur Veranschaulichung dieses Phänomens wird gerne ein Netz gezeigt, daß unter der Schwere eines Balles deformiert worden ist , das zwar sehr anschaulich und eindrucksvoll aussieht, aber als gekrümmtes Raummodell überhaupt nicht funktioniert , wie Sie im Laufe dieses Beitrages sehen werden .

Nachfolgend möchte ich anhand von 9 teilweise gedanklichen und teilweise praktisch durchführbaren Experimenten zeigen und beweisen, daß der Raum nicht gekrümmt ist und auch nicht krumm sein kann , und

ferner ,daß eine Gravitationswirkung auch bei nachweislich gerade verlaufendem Raum vorhanden sein kann :

1. Jede Krümmung d.h. jede Konvexität muß logischerweise auf der **Gegenseite** eine **Konkavität bzw. eine Krümmung in gegensinniger Richtung** zur Folge haben. Gemäß der allgemeinen Relativitätstheorie von Einstein ist aber eine Krümmung des Raums mit Gravitationswirkung verbunden . Deswegen müßte auf der Gegenseite der Krümmung eine **negative Gravitationswirkung** entstehen , mit der Folge von Abstoßung bzw. Wegfliegen der Gegenstände bzw. der Raumkörper. **So ein Phänomen ist aber bis jetzt nie beobachtet worden und ist absolut unlogisch .**

Die Idee der Raumkrümmung führt also sogar ad absurdum und ist somit absolut unmöglich

2. Wir betrachten uns einmal eine angenommene Raumkrümmung (schematisiert) um unsere Sonne und um einen anderen großen Himmelsköper :

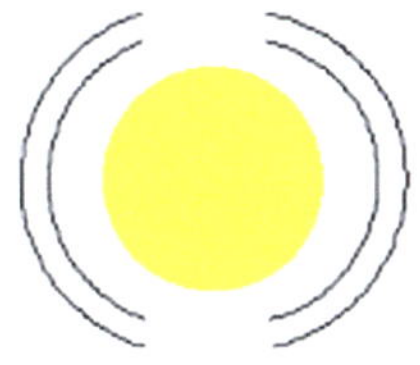 

Abb. 2

Wenn nun dieser andere große Himmelsköper in die Nähe unserer Sonne kommen würde , so würde folgendes passieren:

Bei der Annahme der Existenz einer Raumkrümmung um unsere Sonne und um dieses Objekt ,

müßte diese Raumkrümmung in dem zwischen diesen Himmelskörpern liegenden Raumbereich flacher werden, d,h, die jeweilige Konvexität müßte abnehmen und sich deswegen etwas aufheben , da sie in gegensinniger Richtung ist :

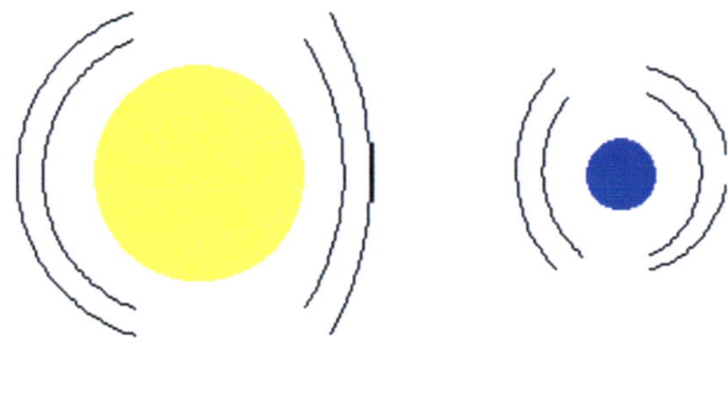

Abb. 3

Wenn aber die Raumkrümmung abnimmt , müßte auch die " Fallneigung " bzw. Anziehung geringer werden .

Wenn jetzt ein noch größeres Objekt in die Nähe der Sonne kommen würde, so müßte diese Abflachung der Raumkrümmung noch größer werden , mit der Folge daß, die " Fallneigung " bzw. die gegenseitige Anziehung noch geringer würde :

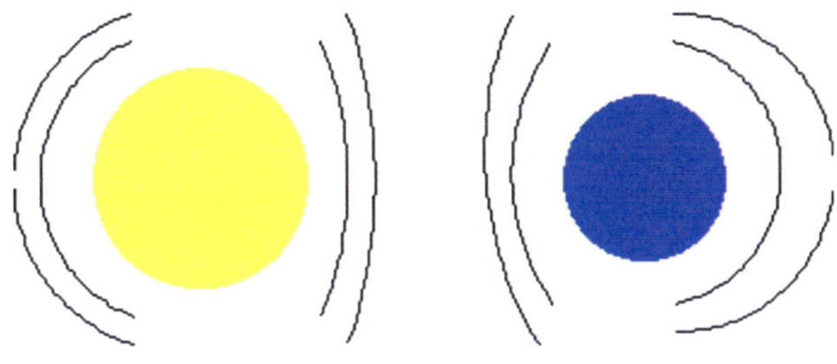

Abb. 4

Wir wissen aber bekanntlich, daß tatsächlich genau das Gegenteil der Fall ist , nämlich daß die Gravitation und somit die Anziehung dadurch zunimmt da gemäß dem Newtonschen Gravitationsgesetz und seiner Formel die Gravitationskraft u.a. abhängig ist von der Masse , und nunmehr neben m 1 auch eine m 2 bzw. eine noch größere m 2 vorhanden ist und deswegen die Gravitation gemäß Newton zunehmen muß .

3.   Wir nehmen an ,daß eine in Relation zur Sonne sehr kleine Kugel (bzw. ein kugelförmiger Himmelskörper) mit hoher Geschwindigkeit an der rechten Seite der Sonne vorbeizieht . Gemäß der Newtonschen Gravitationsformel wird diese Kugel von der Sonne durch die Gravitationskraft angezogen , sodaß ihre Bahn ,ähnlich wie die Bahn des Lichts, abgelenkt und rechtskonvex wird .

Nun zieht eine etwas größere Kugel genau an derselben Stelle ebenfalls mit hoher Geschwindigkeit rechts an der Sonne vorbei . Da gemäß dem Newtonschen Gravitationsgesetz und seiner Formel die Gravitationskraft u.a. abhängig ist von der Masse , so muß diese Kugel stärker von der Sonne angezogen und somit stärker abgelenkt werden, sodaß ihre Bahn eine noch stärkere rechtskonvexe Form annehmen muß .

Jetzt ergibt sich folgende Fragestellung : Wenn der Raum durch die Sonne gekrümmt worden wäre, so müßte diese Krümmung für alle relativ kleine Kugel , die aber verschieden groß sind, gleich sein und **könnte keineswegs durch eine relativ größere Kugel , die an der rechten Seite der Sonne vorbei zieht auch noch rechtskonvexer werden .**

Dieses Experiment zeigt, daß es sich in Realität keineswegs um eine Raumkrümmung handeln kann , sondern um eine Ablenkung der Bahn , vergleichbar etwa mit einer Lichtablenkung durch eine Linse .

4. Unsere Sonne ist bekanntlich kugelförmig . Deswegen müßte also auch die Raumkrümmung um die Sonne kugelförmig sein , mit der Folge, daß alle sogenannten Gravitationsschienen um unsere Sonne kreisrund wären . Deswegen müßte alles was um unsere Sonne rotiert, eine kreisrunde Bahn haben, da es sich entlang dieser kreisrunden "Gravitationsschienen " bewegen müßte .

Wir wissen aber, daß **die Bahnen unserer Planeten nicht ganz kreisförmig, sondern leicht oval sind** , obwohl sie seit Milliarden Jahren unsere Sonne umkreisen und deswegen Ihre Bahnen sich schon längst an diese

kreisrunde "Schienen "orientiert hätten , wenn sie existent
gewesen wären.

**Auch dieses Naturexperiment zeigt und beweist, daß der
Raum nicht krumm ist und widerlegt somit die
allgemeine Relativitätstheorie mit der behaupteten
Raumkrümmung.**

5.   Schon ein einfaches gedankliches Experiment zeigt ,
daß die Idee der Raumkrümmung ad absurdum führt :

Nehmen wir an , daß die Lichtstrahlen eines Sterns auf der
linken Seite der Sonne vorbeilaufen und deswegen nach
rechts abgelenkt werden (entsprechend der obigen Abb.1),
sodaß diese Strahlen **nach links verbogen** sind . Wir
ziehen gedanklich parallel zu dieser Linie und näher zu der
Sonne weitere Linien , die alle ebenfalls nach rechts
abgelenkt und somit ebenfalls **nach links verbogen** sind
(s. Abb. 5) und nehmen einmal an, es handele sich um die
ebenfalls nach rechts abgelenkten Lichtstrahlen anderer
Sterne, die weiter rechts liegen   (wir wollen außer Acht
lassen, daß die Ablenkung der Lichtstrahlen sogar größer
wird , je näher die Strahlen an der Sonne vorbeilaufen) :

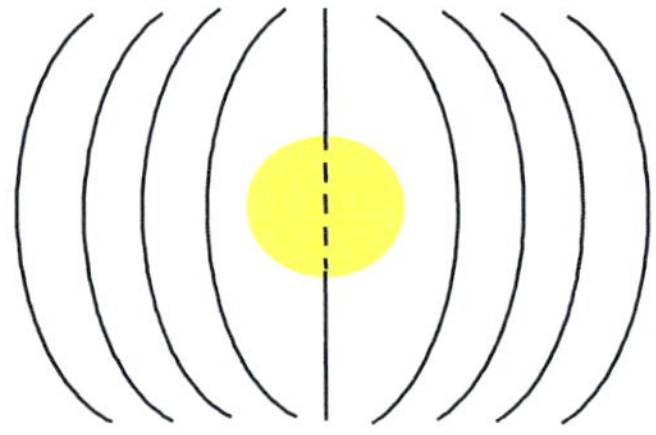

Abb. 5

Wir wiederholen dieses Gedankenexperiment und ziehen diesmal auf der rechten Seite der Sonne einige **nach rechts verbogene** Linien **,** diesmal in der Annahme, daß es sich um Sterne handelt ,die auf der rechten Seite der Sonne liegen und deren Lichtstrahlen deswegen rechts an der Sonne vorbeilaufen und deswegen nach links abgelenkt werden.

Wenn wir rechts und links immer weitere parallel laufende Linien ziehen , so werden wir sehen, daß in der Mitte ein kleines Feld übrig bleibt , das begrenzt wird auf der linken Seite durch eine nach links verbogene (linkskonvexe), und auf der rechten Seite durch eine nach rechts verbogene (rechtskonvexe) Linie . Da der Raum dort logischerweise nicht nach beiden Seiten gekrümmt sein kann , muß schließlich die Linie, die von den 2 entgegen gesetzt verbogenen Linien begrenzt wird, **gerade** , **also ohne Verbiegung** , verlaufen, was gleichbedeutend ist, daß **der**

Raum in diesem Bereich nicht verbogen sein kann. Diese Linie verläuft im übrigen genau durch den Mittelpunkt bzw. durch das Zentrum der Sonne , was gleich bedeutend ist, daß es sich hierbei um einen verlängerten **Durchmesser** der Sonne handelt.

Ein Kreis hat bekanntlich zahlreiche Durchmesser und somit auch zahlreiche verlängerte Durchmesser . Wir zeichnen möglichst viele Durchmesser eines Kreises ein (s. Abb. 6) , die somit eine **Ebene** oder praktisch eine Scheibe darstellen. **Nach der obigen Beweisführung ist diese Ebene oder Scheibe ganz gerade und kann keineswegs gekrümmt sein**

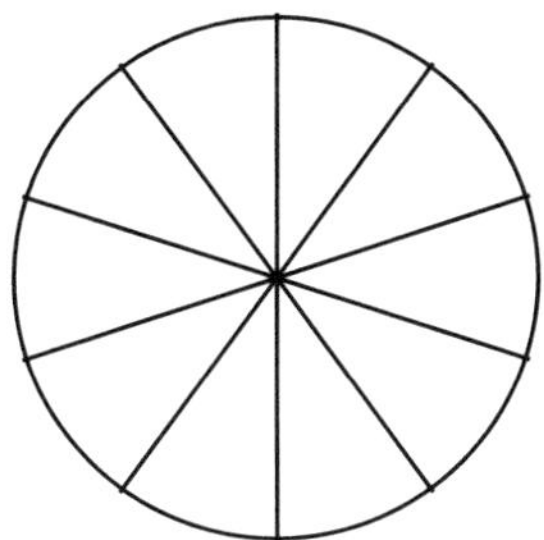

Abb. 6

(**einige** Durchmesser eines Kreises)

Bisher war unser Gedankenexperiment 2-dimensional . Wenn wir dieses Gedankenexperiment nunmehr **3-**

dimensional , also in allen Ebenen wiederholen, so werden wir sehen, **daß der Raum entlang aller (verlängerte) Durchmesser der Sonne oder entlang aller solcher Ebenen nicht verbogen oder gekrümmt sein kann,** und **eine Kugel hat bekanntlich eine unzählige Zahl** der Durchmesser und Ebenen .

6. Wenn ein kleineres Objekt von einem größeren Objekt durch die Gravitationskraft angezogen wird, **so geschieht dies bekanntlich entlang einer Linie , die senkrecht verläuft** (auch)**zur Oberfläche des größeren Objektes (d.h. genau in Richtung dessen Zentrums) , also entlang eines verlängerten Durchmessers des größeren Objektes.** Diese bekannte Tatsache ist auch experimentell vielfach bestätigt worden .

Wie wir oben gesehen haben, ist aber der Raum im Bereich aller verlängerten Durchmesser nicht gekrümmt, sondern absolut gerade . Deswegen kann entlang dieser Linie überhaupt kein "Gefälle " und somit auch keine "Fallneigung " im Sinne der allgemeinen Relativitätstheorie bestehen , und genau deswegen könnte dort gemäß der allgemeinen Relativitätstheorie auch keine Gravitationswirkung vorhanden sein .

Das Experiment zeigt aber, daß dort wohl eine Gravitationswirkung vorhanden ist und deswegen das kleinere Objekt angezogen wird und sich in Richtung des größeren Objektes in Bewegung setzt , **und widerlegt somit die allgemeine Relativitätstheorie mit der behaupteten Raumkrümmung .**

7. In einer oben beschriebenen Ebene (Abb. 6) wäre z.B. in Richtung des Zentrums der Sonne bzw. des betreffenden Objekts kein "Gefälle " und somit auch keine " Fallneigung " im Sinne der allgemeinen Relativitätstheorie vorhanden, da dort der Raum , wie wir oben gesehen haben , nicht gekrümmt ist . Deswegen könnte dort gemäß der allgemeinen Relativitätstheorie auch keine Gravitationswirkung vorhanden sein .

Die **Planeten** liegen im übrigen innerhalb solcher Ebenen .

Für einen Planeten **in einer solchen Ebene** würde deswegen überhaupt kein "Gefälle "und somit keine " Fallneigung " in Richtung der Sonne bestehen **und deswegen müßte er gemäß der allgemeinen Relativitätstheorie frei von Gravitationswirkung und deshalb praktisch schwerelos sein . Deswegen könnte er sich aber dort erst gar nicht lange aufhalten, da er durch die Zentrifugalkraft weggeschleudert würde .**

Tatsächlich wissen wir aber durch die Beobachtung der Planeten, daß das keineswegs der Fall sein kann , da bekanntlich die gesamten Planeten unseres Sonnensystems seit ca. 4,6 Milliarden von Jahren auf weitgehend stabilen Bahnen innerhalb solcher Ebenen um unsere Sonne rotieren , da die jeweilige Zentrifugalkraft durch die jeweilige Gravitationskraft kompensiert wird . Tatsache ist also, daß alle Planeten ständig unter der Einwirkung der starken Gravitationskraft der Sonne stehen müssen, obwohl sie sich innerhalb solcher Ebenen bewegen.

8. Wir wissen alle , und das ist bekanntlich experimentell vielfach bewiesen, daß ein hochgeworfener Stein **senkrecht auf die Erde zurückfällt** .

Die Bahn des Steins entspricht aber gleichzeitig einem verlängerten Durchmesser der Erde, da sie senkrecht zur Oberfläche der Erde verläuft und somit durch das Zentrum der Erde läuft .

Wie wir oben gesehen haben , ist aber der Raum im Bereich aller verlängerten Durchmesser ganz gerade und keineswegs krumm .

Deswegen besteht da z.B. in Richtung der Erde überhaupt kein " Gefälle" bzw. keine " Fallneigung" im Sinne der allgemeinen Relativitätstheorie **und es müßte dort somit keine Gravitationswirkung vorhanden sein . Die Tatsache, daß der Stein auf die Erde zurückfällt zeigt aber, daß dort sogar eine eindeutige Gravitationswirkung vorhanden ist** .

9. Uns hilft auch die folgende Fragestellung , um uns dies alles besser klar zu machen :

Nach welcher Seite soll ein senkrecht auf die Sonne (d.h. genau in Richtung des Zentrums) gerichteter Strahl abgelenkt werden ? (s. Abb. 7) . Nach rechts, nach links , nach vorne oder nach hinten ? und wenn nach einer dieser Richtungen , würde sich dann die weitere Frage stellen warum ? Weshalb sollte eine Richtung bevorzugt werden ? Die einzige logische Antwort kann deswegen nur sein :

Dieser Strahl wird überhaupt nicht abgelenkt , sondern verläuft immer weiter in derselben Richtung. Dies bedeutet ebenfalls : **Der Raum in diesem Bereich kann nicht verbogen sein .**

Abb. 7

Die obigen Experimente zeigen also :   Daß die Idee der Raumkrümmung ad absurdum führt und somit absolut unmöglich ist , bei den Wechselwirkungen von 2 Himmelskörpern bzw. 2 Objekten eine angenommene

Raumkrümmung zu total falschen Ergebnissen führt, die keineswegs der Realität entsprechen , die Konvexität der Ablenkung bei verschieden großen relativ kleineren Körper verschieden ist , alle (verlängerte) Linien , die durch das Zentrum der Sonnenkugel (oder andere kugelförmige Objekte) verlaufen, gerade verlaufen müssen , alle (verlängerte) Ebenen, die durch das Zentrum der Sonnenkugel verlaufen ganz gerade und flach sein müssen, und bei einem nachweislich flachen und ungekrümmten Raum eine eindeutig nachweisbare Gravitationswirkung vorhanden sein kann (Diese Feststellungen gelten selbstverständlich nicht nur für die Sonne, sondern für alle kugelförmige Himmelskörper) .

Was bedeutet dies alles nun im Klartext ? **Dies beweist, daß der Raum in Realität überhaupt nicht krumm sein kann , und eine angenommene Raumkrümmung keineswegs das Phänomen und die Probleme der Gravitation lösen kann und nicht einmal als Modell geeignet ist .**

Außerdem beweist das , daß Gravitationswirkung auch bei fehlender Raumkrümmung vorhandnen sein kann .

Das Naturexperiment der Ablenkung der Lichtstrahlen eines Sterns, die an der Sonne vorbeiliefen, kam in Wirklichkeit, nicht etwa dadurch zustande, daß der Raum krumm ist, sondern dadurch, daß unter der Einwirkung der

Gravitationskraft der Sonne **die Lichtstrahlen angezogen und dadurch verbogen wurden** , es handelte sich also um die **Wechselwirkung von 2 Faktoren bzw. Kräften .**

 Wenn es sich bei den Lichtstrahlen des Sterns nicht um eine bewegliche , sondern um eine ruhende Sache gehandelt hätte, oder wenn die Lichtstrahlen direkt in Richtung des Zentrums der Sonne verlaufen wären , so wäre die Verbiegung nicht zustande gekommen .Es handelte sich also bei der damaligen Beobachtung mehr oder weniger um einen Glücks- bzw. Unglücksfall .

Wenn anstatt der Lichtstrahlen ein **ruhender Gegenstand** (z.B. ein Stein) , also etwas ohne Impuls , von der Sonne angezogen würde, so würde er **ganz gerade in Richtung des Zentrums** der Sonne fliegen und **senkrecht** auf die Sonnenoberfläche treffen .

Wenn aber ein Gegenstand sich bewegt , so entsteht eine **Wechselwirkung** zwischen der Bewegung und der Anziehungskraft der Gravitation , mit dem Ergebnis, daß die Bahn des Gegenstandes sich ändert, bzw. anders ausgedrückt mit dem Ergebnis, daß **die Bahn des Gegenstandes abgelenkt wird.** Dadurch kann dieser Gegenstand nur ausnahmsweise in Richtung des Zentrums der Sonne fliegen (nur wenn er sich auch vorher in Richtung des Zentrums der Sonne bewegte oder wenn seine Bahn vorher nur geringfügig von dieser Richtung abwich , sodaß sie nunmehr durch die Einwirkung der Gravitation in Richtung des Zentrums verläuft) , sodaß **die resultierende Bahn fast immer schräg zur Sonnenoberfläche verläuft .** Es entsteht dann der falsche Eindruck , der Raum wäre krumm .

Durch die Anziehungskraft der Gravitation kommt somit ein Effekt zustande, der vergleichbar ist mit einer Linse , derart, daß alle Strahlen , die in Richtung Zentrum laufen, nicht abgelenkt werden, sondern nur alle andere Strahlen , die nicht in Richtung des Zentrums , sondern schräg oder tangential zur Oberfläche verlaufen .

Dies hat mit einer Raumkrümmung überhaupt nichts zu tun, genauso wenig wie bei einer Linse .

Selbstverständlich gelten alle diese Feststellungen nicht nur für die Sonne, sondern für alle Sterne und sonstige kugelförmige Himmelskörper , die über eine Gravitation verfügen.

Zusammengefaßt bedeutet dies alles :

1. Alle Strahlen, die genau in Richtung des Zentrums eines kugelförmigen Himmelskörpers verlaufen (entlang eines Durchmessers , d.h. sozusagen als verlängerte Durchmesser) ,verlaufen gerade und werden nicht verbogen , während alle andere Strahlen (die nicht durch das Zentrum laufen) verbogen werden .

2. Wenn ein Gegenstand ohne Impuls in die Nähe eines kugeligen Himmelskörpers kommt, so wird er durch die Gravitation des Himmelskörpers so

angezogen , daß er ganz gerade in Richtung des Zentrums dieses Himmelskörpers fliegt .

3. Wenn ein Gegenstand mit einem Impuls oder ein Strahl in die Nähe eines kugeligen Himmelskörpers kommt, so entsteht eine Wechselwirkung zwischen seinem Impuls und der Gravitation, derart, daß die Bahn des Gegenstandes bzw. des Strahls abgelenkt wird sodaß sie dann meistens schräg zur Oberfläche des Himmelskörpers verläuft . Dadurch entsteht der falsche Eindruck, der Raum wäre krumm.

Wir sehen also, daß die Idee der angeblichen Raumkrümmung nicht zu Ende gedacht war, und konnte deswegen durch Experimente und Gedanken, die jedoch im Gegensatz dazu, zu Ende gedacht sind, widerlegt werden .

Es handelt sich also auch bei der Annahme von Raumkrümmung um ein großes Irrtum .

Besonders gravierend ist aber , daß sie zusammen mit den Relativitätstheorien von Einstein , die ebenfalls nicht richtig und ebenfalls ca. 100 Jahre alt sind, in dieser Zeit bereits zu erheblichen Folgefehlern , zu erheblichen Verwirrungen und zu wirtschaftlichen Schäden bzw. Kosten in Höhe von Milliarden Dollar geführt haben (wegen der

näheren Einzelheiten s. mein Buch „ Sind die Relativitätstheorien von Einstein richtig?, meine energetische Relativitätstheorie").

Hier ist zu erwähnen z.B. die in falscher Richtung gegangene und **äußerst kostspielige Erforschung der Gravitationswellen** , wobei man für Gravitationswellen Wellenlängen im Meter- bzw. sogar Kilometerbereich angenommen haben soll , sehr lange Tunnel unter der Erde ausgegraben und Millionen Dollar investiert hat .

Wie wir noch sehen werden, sind aber diese Annahme und diese Experimente völlig abwegig und von vornherein zum Scheitern verurteilt .   Wir wissen, daß z.B. jedes Atom und sogar die Bestandteile der Atome wie Protonen über ein Gewicht verfügen, d.h. sie sind trotz ihrer Winzigkeit durchaus in der Lage Gravitationswellen zu empfangen . Wie sollten nun die äußerst winzigen Atome oder sogar Protonen Gravitationswellen im Meter- oder Kilometerbereich empfangen können?

Es sind Ausdrücke entstanden wie **Schockwellen** und Annahmen, daß die Gravitationswellen **diskontinuierlich** emittiert werden sollen .
Man versucht ferner immer noch von Himmelskörpern Gravitationswellen zu empfangen, die Lichtjahre von uns entfernt sind , eine Sache , die ebenfalls von vorn herein völlig unmöglich ist, wie wir in den nächsten Kapiteln sehen werden .

Man hat **schwarze Löcher** angenommen , die hornartig ausgezogen sein sollen .   Man hat Wurmlöcher angenommen , durch die es möglich sein soll in andere Welten zu gelangen.

Man hat **Modelle des Universums** konstruiert mit sattelförmigen und anderen bizarren Krümmungen und Deformierungen und vielen Dimensionen .

Man hat also schon Milliarden Dollar sozusagen in den Sand gesetzt, für die Erforschung von Projekten, die von vorn herein zum Scheitern verurteilt waren, da sie auf Fehlannahmen beruhen .

Kapitel 5

Ist das Prinzip der Äquivalenz der Trägheit und Schwere richtig?

Schon am Anfang dieses Kapitels möchte ich Ihnen verraten, daß das sogenannte **"Prinzip der Äquivalenz von Trägheit und Schwere "** nachweislich nicht zutreffend ist. Es ist insbesondere nicht zutreffend, daß für einen Beobachter bzw. Betroffenen unmöglich und durch keinerlei Experimente nachweisbar wäre zu unterscheiden, ob er eine gleichmäßig beschleunigte Bewegung ausführt, oder ob er sich in einem Gravitationsfeld befindet .

U.a. die nachfolgenden 7 Beispiele bzw. Experimente zeigen und beweisen genau das Gegenteil, nämlich, daß ein Betroffener bzw. ein Beobachter sehr wohl in der Lage ist, experimentell zu unterscheiden, ob er gerade eine gleichmäßig beschleunigte Bewegung ausführt, oder ob er sich in einem Gravitationsfeld befindet und deswegen beschleunigt wird :

1. Durch Spüren am eigenen Körper :

a. **Gleichmäßig beschleunigte Bewegung** : Wenn man in einem sich **gleichmäßig nach vorne beschleunigenden Auto** sitzt , wird man bekanntlich **auf die Rücklehne des Sitzes (d.h. in Gegenrichtung) gedrückt** , während man nach vorne beschleunigt wird. (Dies wird besonders deutlich , krass und brutal demonstriert durch eine **Schleudertrauma der Halswirbelsäule** bei Autounfällen durch Heckaufprall , indem die Halswirbelsäule mit massiver Wucht nach hinten, d.h. in Gegenrichtung , geschleudert wird).

b. **Gravitation** :   Wenn man von irgendwo **herunter springt , wird man   nur beschleunigt , ohne aber in Gegenrichtung einen Druck zu spüren .**

Somit ist sogar durch ein alltägliches Experiment bzw. Erlebnis   immer   wieder   feststellbar,   ob   man   eine gleichmäßig beschleunigte Bewegung ausführt, oder ob man   durch   ein   Gravitationsfeld   beschleunigt   wird . Dadurch   wird   fast   täglich   die   allgemeine Relativitätstheorie von Einstein experimentell und somit nachweislich widerlegt .

2. Durch Lageänderung :

a.   Wenn die Ursache der Beschleunigung eine **Gravitation** war,   so   **ändert   sich   die   Beschleunigung   durch Lageänderung   :   Bei   der   Annäherung   an   eine Gravitationsquelle** (z.B.   die   Sonne)   **muß   die Beschleunigung   stark   zunehmen** ,   da   gemäß   der Newtonschen Gravitationsformel die Anziehungskraft bei kleinerem Abstand erheblich größer ist als bei größerem Abstand (r ²   im Nenner der Gravitationsformel) , und **umgekehrt bei größer werdender Entfernung muß die Beschleunigung erheblich abnehmen , da die Anziehungskraft stark abnimmt .** Unser Planetensystem ist ein gutes Beispiel dafür : Der sonnennächste Planet Merkur muß erheblich schneller die Sonne umkreisen, da zur Kompensation der in der Nähe der Sonne sehr starken Gravitation der Sonne eine entsprechend starke Zentrifugalkraft benötigt wird , um auf der Umlaufbahn bleiben zu können , während z.B. der Planet Neptun erheblich langsamer die Sonne umkreist, da dort bei dieser starken Entfernung die Gravitation der Sonne erheblich schwächer ist und somit eine erheblich schwächere Zentrifugalkraft erforderlich ist .

b.   **Bei einer normalen gleichmäßig beschleunigten Bewegung** wird aber die **Beschleunigung sich dadurch nicht ändern**, da die Kraft konstant bleibt .

Deswegen ist ein Beobachter experimentell und auch bei geschlossenen Augen sehr wohl in der Lage festzustellen , ob er eine gleichmäßig beschleunigte Bewegung ausführt, oder ob er sich in einem Gravitationsfeld befindet .

3. Durch eine drastische Massen-   bzw. Gewichtsreduktion (z.B. Hinauswerfen von großen mitgeführten Gewichten aus dem Raumschiff) :

Bei einer normalen gleichmäßig beschleunigten Bewegung werden dadurch die Beschleunigung und Geschwindigkeit zunehmen (da gemäß dem 2. Axiom von

Newton die konstant wirkende Kraft bei reduzierter Masse zu Erhöhung der Beschleunigung führt) **während das bei einer Gravitation nicht der Fall ist** (da die Anziehungskraft dadurch nicht größer wird, sondern abnimmt , denn gemäß der Newtonschen Gravitationsformel m 2 im Zähler der Formel geringer wird und somit auch die Anziehungskraft).

Deswegen ist auch durch dieses Experiment ein Beobachter sogar bei geschlossenen Augen sehr wohl in der Lage festzustellen , ob er eine gleichmäßig beschleunigte Bewegung ausführt, oder ob er sich in einem Gravitationsfeld befindet .

4. Durch drastische Massen- bzw. Gewichtserhöhung (z.B. durch Ankopplung bzw. Vereinigung von großen Raumschiffen miteinander) :

Bei einer normalen gleichmäßig beschleunigten Bewegung werden dadurch umgekehrt die Beschleunigung und Geschwindigkeit abnehmen (da gemäß dem 2. Axiom von Newton die konstant wirkende Kraft bei erhöhter Masse zur Abnahme der Beschleunigung führt) **während das bei einer Gravitation nicht der Fall ist** .

Somit ist auch durch dieses Experiment ein Beobachter sogar bei geschlossenen Augen ebenfalls sehr wohl in der Lage festzustellen , ob er eine gleichmäßig beschleunigte Bewegung ausführt, oder ob er sich in einem Gravitationsfeld befindet .

5. Durch den positiven Nachweis der Gravitationswellen, die mit der Beschleunigungsrichtung übereinstimmen (sobald die Technik soweit ist) ,**bei einer Beschleunigung durch Gravitation , und durch den negativen Nachweis** solcher Wellen **bei einer normalen beschleunigten Bewegung .**

6. Durch Kollision bzw. Nichtkollision :

a. Bei einer **Gravitation** führt die beschleunigte Bewegung nach einer gewissen Zeit zu **Kollision** .

b. Bei einer **normalen beschleunigten Bewegung bleibt die Kollision aus .**

7. Eine Gravitation erfordert eine 2. Masse , damit die Wirkung sichtbar wird , während bei einer normal beschleunigten Bewegung dies nicht erforderlich ist und die Kraft direkt wirkt. Somit ist auch hier der Unterschied durch Experiment nachweisbar .

Das sogenannte "Prinzip der Äquivalenz von Trägheit und Schwere " ist also nachweislich nicht zutreffend, d.h. eine Gravitation und eine normale gleichmäßig beschleunigte Bewegung sind also keineswegs äquivalent , genauso wenig wie z.B. ein heißes Bügeleisen und heißes Wasser äquivalent wären, nur weil sie beide heiß sind .

Im übrigen ist u.a. auch deswegen schon das **Grundpostulat** von Einstein zwecks Ableitung der Raumkrümmung in seiner allgemeinen Relativitätstheorie **bzw. sozusagen das Fundament der allgemeinen Relativitätstheorie** von Einstein nicht richtig , **sodaß schon dadurch die gesamte allgemeine Relativitätstheorie** von Einstein in sich **zusammenbricht** (Näheres s. mein Buch „ Sind die Relativitätstheorien von Einstein richtig?, meine energetische Relativitätstheorie").

Kapitel 6

Sind unsere physikalischen Formeln richtig und brauchbar?

*Unschärfe bzw. keine exakte Bestimmbarkeit
im Mikro- und auch im Makrokosmos?*

*Über den Sinn und Unsinn der physikalischen
und mathematischen Formeln, und über den
Unsinn der Berechnungen vieler
astronomischen Vorgänge.*

Wenn wir in ein Physikbuch hineinschauen , so werden wir sehen, daß dort es praktisch wimmelt von **Formeln.** Auch im Bereich der Astrophysik schaut es nicht viel anders aus . Die meisten Formeln werden wir aber erwartungsgemäß in einem Mathematikbuch finden.

Auch die Astronomie bedient sich zahlreicher Formeln. Diese Formeln sind selbstverständlich entwickelt worden, um z.B. verschiedene Zahlen, Werte, Zustände und Situationen in unserer Welt zu bestimmen , d.h. um aufgrund einiger bekannten Werte bzw. Zahlen, unbekannte Werte zu berechnen, um z.B. Vorausberechnungen und Prognosen machen zu können.

Leider ist die Meinung weit verbreitert, daß durch die Formeln die Richtigkeit der verschiedenen Behauptungen , Theorien und Relationen in der Mathematik und Physik bewiesen werden können.

Wer sich mit der Entwicklung der Formeln beschäftigt hat, weiß, daß es sehr wohl möglich ist, für sehr viele Ereignisse und Vorgänge Formeln zu entwickeln . Diese Formeln können aber völlig willkürlich sein und **ohne jegliche Beweiskraft.**

Dieser Aspekt ist jedoch nicht der Gegenstand dieses Kapitels ,sondern die Tatsache ,**daß physikalische und viele mathematische Formeln entgegen der weit verbreiteten Meinung keine Allgemeingültigkeit , insbesondere für andere Orte oder andere Zeiträume zu haben brauchen.**

Schon die **Chaos-Gesetze** zeigen uns , daß viele Formeln ihre Gültigkeit verlieren können, für Orte, die nur wenige Zentimeter voneinander entfernt sind , oder bei anderen Zeiträumen.
Äußerst grotesk sind in diesem Zusammenhang die teuren Versuche , um experimentell die Richtigkeit bzw. die Unrichtigkeit der sogenannten **Urknalltheorie** zu beweisen . Meint man im Ernst , daß durch die heute durchgeführten Experimente und durch unsere Formeln die Richtigkeit bzw. die Unrichtigkeit der Vorgänge beweisen zu können, die **ca.15 Milliarden Jahre!!** zurückliegen und an einem Ort stattgefunden haben, **die Milliarden Lichtjahre !!** entfernt

sind? Ganz abgesehen davon, läßt sich die Unrichtigkeit der Urknalltheorie schon durch logisches Denken nachweisen (s. **mein Buch „ Das Geheimnis der Entstehung des Universums, meine DPNS-Theorie")** und bedarf überhaupt keinerlei Experimente und gar keine finanziellen Mittel.

Unsere physikalische Formeln können Ihre Gültigkeit verlieren, schon in einer Entfernung von wenigen Metern oder bei anderen Zeiträumen .

Soweit diese Formeln einen **Zeitfaktor** beinhalten , wird diese Ungenauigkeit noch größer, **da die Zeit schon auf unserer Erde sehr relativ ist** und von Ort zu Ort schneller oder langsamer laufen kann , sodaß z.B. eine Sekunde keine fest definierbare Größe mehr darstellt (s. **„Meine energetische Relativitätstheorie"** und **„Beweise für energetische Relativitätstheorie" in meinem Buch „Sind die Relativitätstheorien von Einstein richtig ?, Meine energetische Relativitätstheorie,,**) und Deswegen sind sie schon hier auf der Erde nicht allgemeingültig.

Wir wollen im Rahmen dieses Kapitels untersuchen, in wieweit diese zahlreichen Formeln richtig sind und verwendet werden können, und ob die dadurch ermittelten Werte zuverlässig und brauchbar sind.

Früher war man der Überzeugung, daß die aufgrund dieser Formeln errechneten Werte hundertprozentig richtig und hundertprozentig zuverlässig sind.

Seit der **Quantentheorie** wissen wir, daß im Bereiche des Mikrokosmos eine scharfe Positionsbestimmung nicht möglich ist. Sie ersetzt die scharfen Größen und Werte der klassischen Physik durch Wahrscheinlichkeitsformeln.

Diese Probleme sind langsam im Laufe der Jahre zutage getreten. Meilensteine sind hier die Entdeckung der Strahlungsgesetze des schwarzen Körpers durch Max Planck, die Deutung des photoelektrischen Effekts und die spezifische Wärme fester Körper durch Albert Einstein. Ferner haben sich hier verdient gemacht Niels Bohr, de Broglie , Schrödinger und Heisenberg, und haben die Grundlagen der Quantentheorie gelegt.

Nachfolgend möchte ich zeigen und dafür Beweis führen, daß unsere physikalischen und teilweise auch mathematischen Formeln nicht praktisch anwendbar, völlig naturfremd, teilweise nicht exakt und überhaupt nicht brauchbar sind:

1. Unsere Formeln repräsentieren nur Idealzustände und enthalten nur die Relationen zwischen 2 oder 3 bzw. sehr wenigen Faktoren , und vernachlässigen die anderen Faktoren bzw. berücksichtigen sie nicht . Sonst wären sie viel zu kompliziert und wären nicht einmal unter dem Einsatz von größeren Computern rechenbar, während in der Natur Idealzustände sehr selten sind und zahlreiche Faktoren in Erscheinung treten, die das Ergebnis unserer Formeln oft stark beeinflußen bzw. unbrauchbar machen.

Deswegen sind die Formeln auch aus diesem Grunde ungenau , nicht konform mit der Natur, und von vornherein von sehr begrenztem und dubiösem Wert.

Folgende Beispiele mögen dies deutlich machen:

1. Z.B. die meisten Physikalischen Formeln berücksichtigen das Phänomen **Reibung** nicht. Zugegeben ist die Reibung vielfach sehr gering, sodaß sie vernachlässigt werden kann, doch sie kann auch sehr groß sein, insbesondere wenn der Faktor Zeit sehr groß wird, wie dies z.B. bei den Geschehen im Universums häufig der Fall ist. **Dann kann das ganze Rechenergebnis total falsch sein**, zumal die Reibung nicht konstant zu sein braucht und stark und öfters unvorhersehbar variieren kann .

2. Die **Newtonschen Axiome** sind reine **Idealfälle, die im täglichen Leben und auch im Universum oft nur unpräzise angewendet werden können.**
Z.B. das 1. Axiom wird infrage gestellt, wenn sehr viel Zeit verstreicht, etwa in der Größenordnung von Jahren, mehreren hundert Jahren, tausend Jahren oder sogar Millionen oder Milliarden Jahren. In dieser Zeit können z.B. Verwesungs- oder Verwitterungsprozesse das Ergebnis stark beeinflussen , oder sogar zum Zerfall der Materie selbst führen.

3. Geschwindigkeitsproblem. Zum Beispiel wenn ein Auto vom Punkt A startet und mit einer konstanten Geschwindigkeit von 130 km/h zum Punkt B fährt, können wir durch die physikalische Formel

$$v = s / t$$

im voraus berechnen, wann es den Punkt B erreicht. Diese Formel beinhaltet aber nur die Faktoren **konstante Geschwindigkeit, Entfernung** und **Zeit** und kann somit nur diese Faktoren berücksichtigen. Viele Faktoren wie z.B. die**Reibung, evt. Seitenwinde,** die zu einer Schlängelung und somit zur **Distanzverlängerung** , oder zur **kurzfristigen Geschwindigkeitsreduzierungen** führen, oder Streckenverlängerungen durch mehrmaligen **Überholmanöver,** oder sogar **Zeitverlängerungen durch Staus** oder **Geschwindigkeitsbegrenzungen** durch evt. Baustellen werden in dieser Formel nicht berücksichtigt und sind teilweise auch nicht im einzelnen vorhersehbar. Diese Faktoren können aber das Ergebnis evt. erheblich beinträchtigen , **sodaß die Formel dadurch von praktischen Ergebnis erheblich abweicht und unbrauchbar wird.**

4. Auch unsere Geometrie und Mathematik arbeiten mit Idealzuständen. So gibt es in der Natur beispielsweise selten eine reine Kugelform, reine Quadrate und überhaupt reine geometrisch exakt definierte Körper. Genau so ist es im gesamten Universum . z.B. ist die Erde nicht exakt kugelförmig und auch die Strecken sind nicht exakt geradlinig, sondern verbogen . **Deswegen muß jegliche physikalische Berechnung , die von Idealformen ausgeht, falsche Ergebnisse liefern.**

2. Quantentheorie:

Die Experimente im Bereich der Quantenphysik haben u.a. folgendes gezeigt:

1. Es ist gar nicht möglich, ganz exakte Angaben zu machen über die genaue jeweilige Lokalisation eines Elementarteilchens , wie z.B. eines Elektrons . Wir können nur ungefähr errechnen, wo es sich befindet. Auch mehrere nacheinander durchgeführte Messungen können verschiedene Werte ergeben. Das erstaunliche ist dabei, daß auch zwei verschiedene Beobachter, die gleichzeitig Messungen vornehmen, nicht denselben Wert ermitteln können, sondern auch diese Werte Streuungen aufweisen, die durch die Wahrscheinlichkeitsformeln ausgedrückt und ermittelt werden können.

2. Dieses Phänomen hat , wie oben bereits erwähnt ,nicht nur eine objektive , sondern auch eine subjektive Komponente , d.h. 2 Beobachter, die bei demselben Teilchen gleichzeitig Messungen durchführen, kommen zu 2 verschiedenen Ergebnissen .

3. Es ist ferner unmöglich, gleichzeitig den Impuls und die Lokalisation eines Teilchens ganz exakt zu bestimmen.

Das ist die Heisenbergsche Unschärferelation.

4. Diese Unschärferelationen bestehen auch zwischen einigen anderen physikalischen Größen, so z.B. zwischen der Energie und Zeit.

5. Der Beobachter und das von ihm beobachtete Objekt sind voneinander abhängig, d.h. durch eine Änderung der Beobachtungsweise, z.B. durch Änderungen der Einzelheiten eines Experiments, wird auch das Verhalten der Elementarteilchen beeinflußt und geändert. Z.B. ob das Photon als Teilchen oder als Welle in Erscheinung tritt, ist abhängig von den Bedingungen des Experiments.

6. Es besteht gegenseitige Abhängigkeit zwischen den beiden Teilchen eines Paares, d.h. das Verhalten eines dieser beiden Teilchen wird geändert, wenn die Bedingungen des anderen Teilchens geändert werden, auch bei größerer Entfernung.

7. Die Elementarteilchen haben auch die Fähigkeit, kurz aus der Oberfläche der Materie heraus zu kommen und haben sogar die Fähigkeit zum Nachbargebiet zu durchtunneln (der Tunneleffekt).

8. Das Vakuum ist nicht leer, wie früher geglaubt worden war, sondern dort befinden sich Elementarteilchen, die sich laufend in Energieumwandeln und umgekehrt. Es entsteht

anscheinend aus **Nichts** durch die sogenannte **Quantenfluktuation** laufend Materie .

3. Chaosgesetze :

Im Bereich des **Makrokosmos** schien noch alles in Ordnung zu sein , was die Anwendung der Formeln , exakte Berechnung und exakte Vorhersagen aufgrund der Formeln anbetrifft.

Einige sehr einfache neue Experimente haben aber erhebliche Zweifel aufkommen lassen . Eines der bekanntesten dieser Experimente ist der **Pendelversuch** , bei dem ein Pendel durch **2 Magnete** abgelenkt wird. Je nachdem von welchem Ausgangspunkt das Pendel losgelassen wird, endet das Pendel entweder bei dem einen, oder bei dem anderen Magneten.
Es hat sich dabei etwas erstaunliches herausgestellt , mit dem niemand gerechnet hatte. **Schon kleinste Abweichungen der Startpunkte des Pendels haben zur Folge, daß das Ergebnis sich total ändert, d.h. daß das Pendel bei dem anderen Magneten landet, obwohl die Startpunkte äußerst eng beieinander liegen.** Nur in unmittelbarer Nähe der jeweiligen Magneten ist das Ergebnis voraussehbar und **schon bei leichter Entfernung von den Magneten wird das Ergebnis chaotisch und absolut nicht mehr vorhersehbar.**

Diese Experimente haben damit gezeigt, daß **im Nahbereich** Vorhersagen und Lokalisationsbestimmungen aufgrund unserer Formeln möglich sind, **aber in weiteren Bereichen** nicht. Das ist dadurch bedingt, daß mit größer werdender Entfernung bzw. Distanz weitere Faktoren hinzu kommen , die nicht vorhersehbar und nicht bekannt waren , schon kleinste Veränderungen können zu ganz anderen Ergebnissen führen . In diesen Bereichen kann nur mit **Wahrscheinlichkeiten** gearbeitet werden .

Meines Erachtens ist aber die Sache noch komplizierter . Z.B. es müsste noch der Faktor **Zeit** berücksichtigt werden. Die meisten Formeln enthalten keinen Zeitfaktor und berücksichtigen somit die Zeit überhaupt nicht . **Je länger aber Zeit verstreicht, desto unexakter muß das Ergebnis der Berechnung bzw. die Vorhersage sein , je länger die Zeit, die dazwischen liegt, umso größer haben verschiedene nicht vorhersehbare Zufälle und Faktoren die Möglichkeit einzuwirken .**
Solange es sich um Minuten, Stunden , Monate oder Jahre handelt, mögen diese Unschärfen noch klein sein , die Sache wird aber extrem, wenn es sich um Jahrhunderte, Jahrtausende, Millionen oder sogar Milliarden von Jahren handelt . **Durch den Faktor Zeit kann dadurch ein Ergebnis so beeinflusst werden , daß dadurch auch nicht ungefähr ein Ergebnis vorausberechenbar oder voraussehbar wird .**

Ich habe oben schon darauf hingewiesen , daß die **Entfernung bzw. die Distanz** bei der Frage der eingeschränkten Möglichkeit exakter Vorhersagen eine wichtige Rolle spielt. Da es sich bei der **Astronomie** im allgemeinen um riesige Entfernungen und Dimensionen von Lichtjahren handelt, so müsste es selbstverständlich sein, **daß insbesondere im Bereich der Astronomie exakte Vorhersagen und Berechnungen mit sehr großer Unsicherheit behaftet sein müssen.**

Chaos-Gesetze im Einzelnen:

Faktor Entfernung oder Distanz (Nr. 1 und 2):

1. Im Nahbereich , bei kleinen nahen Distanzen bzw. Entfernungen und in den Bereichen **der kleinen und der mittleren Größen sind Lokalisationsbestimmungen und Vorhersagen aufgrund von Formeln im allgemeinen gut möglich , die Unschärfre ist dort äußerst gering.** Dies haben z.B. die **Pendelversuche** gezeigt . Ein weiteres Beispiel wäre eine **Schraubenfeder** , die mit verschiedenen Gewichten belastet wird . Durch diese Schraubenfeder sind exakte Berechnungen und Vorhersagen in kleinen und mittleren Bereichen möglich, aber im Überdehnungsbereich , also in relativ größeren Bereichen wird der Zustand chaotisch, genauere Berechnungen und Vorhersagen sind nicht mehr möglich .

Das ist dadurch bedingt, daß mit größer werdender Entfernung bzw. Distanz weitere Faktoren hinzu kommen , die nicht vorhersehbar und nicht bekannt waren , schon kleinste Veränderungen können zu ganz anderen Ergebnissen führen . In diesen Bereichen kann nur mit **Wahrscheinlichkeiten** gearbeitet werden . Oder bei dem Beispiel Schraubenfeder wird durch Überdehnung der Linearitätsbereich verlassen .

2. Bei größer werdenden Distanzen und Entfernungen werden die Vorhersagen und Lokalisationen immer unschärfer , s. Abb.1 :

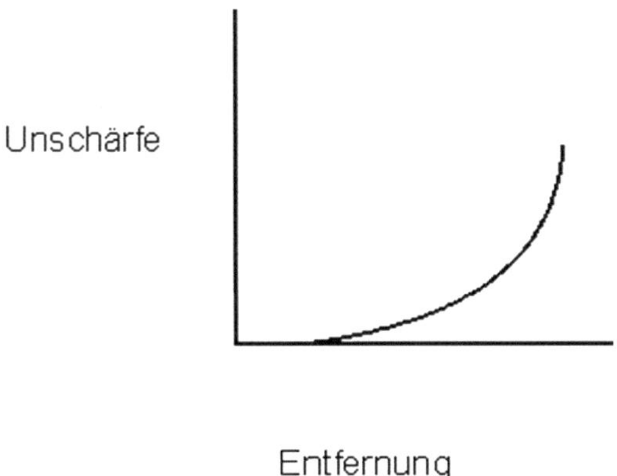

Abb. 1

Auch hier können der **Pendelversuch** und die **Schraubenfeder** als Beispiele erwähnt werden .

Bei größeren Entfernungen wird die Unschärfe u.a. auch deswegen immer größer , da die Wahrscheinlichkeit immer weiter zunimmt, in chaotische Phasen hineinzukommen bzw. sie zu durchlaufen.

Diese Tatsache, daß die **Entfernung bzw. die Distanz** bei der Frage der beschränkten Möglichkeit exakte Vorhersagen machen zu können , von fundamentaler Bedeutung ist , spielt insbesondere im Bereich der Astronomie eine äußerst wichtige Rolle , da bei der Astronomie es sich   im allgemeinen um riesige Entfernungen und Dimensionen von Lichtjahren handelt . **Deswegen müsste es selbstverständlich sein, daß insbesondere im**

Bereich der Astronomie exakte Vorhersagen und Berechnungen mit sehr großer Unsicherheit behaftet sein müssen .

Faktor Zeit (Nr. 3 und 4):

3. Je kleiner der Zeitablauf, umso größer ist die Exaktheit der Vorhersagen und   Lokalisationen .

4. Und umgekehrt, je größer der Zeitablauf, umso größer die Unschärfe und die   Unexaktheit der Ereignisse.

Die meisten Formeln enthalten keinen Zeitfaktor und berücksichtigen somit die Zeit überhaupt nicht .

Je länger aber Zeit verstreicht , desto **unexakter** muß das Ergebnis der Berechnung bzw. die Vorhersage sein , **da je länger die Zeit ist , die dazwischen liegt, umso größer haben verschiedene nicht vorhersehbare Zufälle und Faktoren   die Möglichkeit einzuwirken und umso öfters besteht die Wahrscheinlichkeit, chaotische Phasen zu durchlaufen** , s. Abb. 2 :

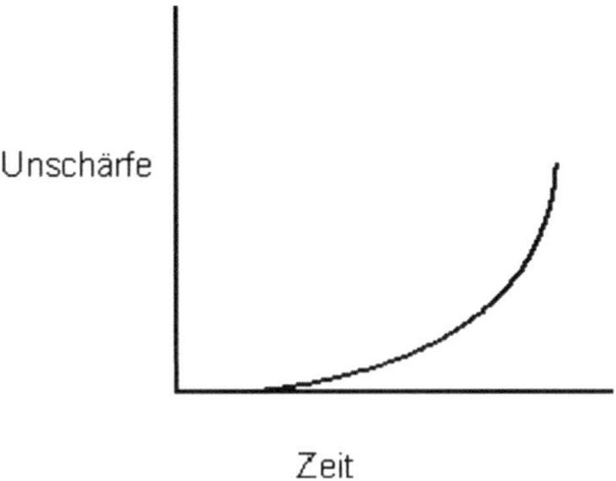

Abb. 2

Solange es sich um Minuten, Stunden , Monate oder Jahre handelt, mögen diese Unschärfen noch klein sein , die Sache wird aber extrem wenn es sich um Jahrhunderte, Jahrtausende , Millionen oder sogar Milliarden von Jahren handelt .**Durch den Faktor Zeit kann dadurch ein Ergebnis so beeinflusst werden , daß dadurch auch nicht ungefähr ein Ergebnis vorausberechenbar oder voraussehbar wird .**

Ich habe mich immer stark gewundert, daß einige Astronomen versuchen, durch Formeln die genauen Einzelheiten, die genauen Verhältnisse , die genauen Parameter und einzelne Zahlen zur Zeit des unterstellten sogenannten Urknalls , also vor mindestens ca. 10-15 Milliarden Jahren zu berechnen und sogar noch einen Schritt weiter gehen und meinen die Richtigkeit einzelner kosmologischer Theorien alleine durch einige Formeln überprüfen zu können .

Oder es wird immer wieder versucht, durch bloße Formeln Zahlen zu ermitteln über einzelne Sterne , die mehrere Milliarden Lichtjahre von uns entfernt sind.

Welchen Wert diese Berechnungen haben, geht aus den obigen Ausführungen eindeutig hervor . Danach dürfte der Wert nicht allzu groß sein .

5.   Ein   Chaos   kann   wieder   in   einen Ordnungszustand übergehen und umgekehrt ein Ordnungszustand kann jederzeit wieder chaotisch werden.   Dies scheint sogar die Regel zu sein .

Diese Übergänge können sich oft wiederholen .

Das ist auch einer der Gründe , weshalb der Zeitfaktor eine wichtige Rolle spielt bei dem Ausmaß der Unschärfe , da je länger Zeit verstreicht , um so häufiger Chaos-Zustände durchlaufen können

6.   Bevor   ein   Ordnungszustand   in   einen chaotischen Zustand übergeht, gibt es   öfters bestimmte   Alarmzeichen.   Eines   dieser Alarmzeichen ist die Verdopplung der Periode (d.h. Verlangsamung um die   Hälfte) ,s. Abb. 3 :

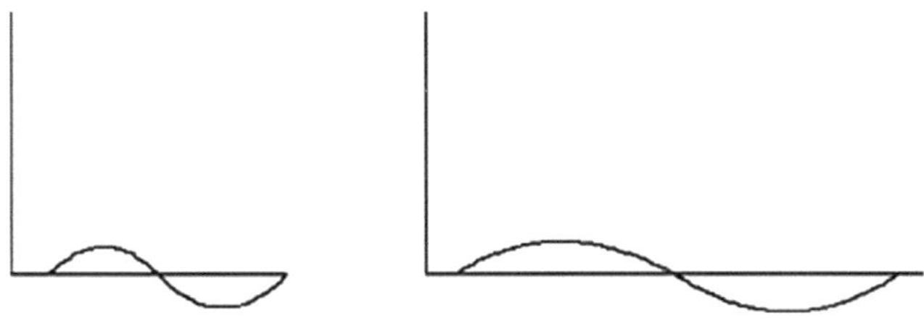

Abb. 3

7. Auch bei einem Chaos-Zustand   ist nicht alles total   chaotisch,   sondern   es   gibt   auch   dort durchaus eine gewisse Ordnung bzw. bestimmte Regeln .

Wenn   wir   z.B.   bei   dem   schon   erwähnten **Pendelversuch** die Ergebnisse des Experiments aufzeichnen,   werden   wir   sehen,   **daß auch das Chaos nach einem bestimmten Muster vor sich geht .**

Ein weiteres Beispiel wären die   **Sterne am Himmel**. Ihre Positionen sind zwar aus dem Chaos –Zustand zufällig hervorgegangen , bei genauen Hinschauen werden wir aber auch dort ein **bestimmtes Muster** feststellen (vergl. Kapitel 23) .

Ein   3 . ebenfalls   sehr   gutes   Beispiel   wäre   die Sonnenaktivität ,   die   bedingt   ist   durch   das

Magnetfeld der Sonne . Wir wissen, daß das Magnetfeld der Sonne chaotisch ist . Innerhalb dieses Chaos gibt es aber eine Regelmäßigkeit, derart daß die **Sonnenaktivität** und somit auch das Magnetfeld einen regelmäßigen **11-jährigen Zyklus** zeigt , d.h. alle 11 Jahre ein Maximum aufweist .

8. Nicht alle Systeme verhalten sich gleich.
Es gibt Systeme , die im allgemeinen gut berechenbar und recht stabil sind , so daß Vorhersagen auch über längere Zeiträume gut möglich sind. Hier sind z.B. die Planetenbahnen unseres Sonnensystems zu erwähnen.

Es gibt aber Systeme , bei denen öfters chaotische Zustände auftreten bzw. bei denen chaotische Phasen überwiegen , sodaß hier Vorhersagen fas unmöglich sind.

Es gibt auch Systeme, die dazwischen liegen .

4. Konsequenz meiner energetischen Relativitätstheorie für Masse :
Die von mir entwickelte energetische Relativitätstheorie besagt, daß Energie (Temperatur, Druck, Strahlung, usw.) Zeit, Raum und Masse beeinflußt ,so daß sie relativ werden und nicht mehr absolut sind, wobei gleichzeitig eine Rot- bzw. Blauverschiebung der entsprechenden Spektren auftritt (wegen der Einzelheiten s. mein Buch „ Sind die

**Relativitätstheorien von Einstein richtig? , meine
energetische Relativitätstheorie „).**

**Eine Konsequenz dieser Theorie für die Anwendbarkeit
unserer Formeln ist, daß alle Formeln, die den Faktor
Masse beinhalten nicht mehr ohne weiteres angewendet
werden können, da die Masse durch die jeweilige
Energie-Situation beeinflusst wird. Dadurch
verlieren alle Formeln , die den Faktor Masse beinhalten
Ihre universelle Gültigkeit.**

5. Konsequenz meiner energetischen Relativitätstheorie für die Zeit:

Die andere Konsequenz meiner energetischen
Relativitätstheorie ist die erweiterte Relativität der Zeit und
besagt, daß die Zeit keineswegs konstant, sondern sogar
sehr variabel und durch Energie beeinflußbar ist.

Dadurch verlieren die meisten physikalischen Formeln, die
eine Zeit beinhalten, mehr oder weniger ihre Bedeutung und
Gültigkeit, **insofern, daß sie nunmehr nicht mehr überall
angewendet werden können, da die jeweiligen**
Energieverhältnisse **von jedem Ort berücksichtigt
werden müssten. Sie verlieren dadurch ihre universelle
Anwendbarkeit. Unsere gesamten Formeln sind somit
keineswegs sozusagen das Maß aller Dinge und
keineswegs absolut zuverlässig und unfehlbar .** wir
müssen uns ständig im Klaren sein über ihre Stärken und
Schwächen, bevor wir sie anwenden.

Zusammengefaßt sind unsere physikalischen und viele mathematische Formeln keineswegs exakt und keineswegs überall anwendbar , sie beweisen ferner keineswegs jeglichen Sachverhalt und sind überhaupt nicht das Maß aller Dinge. Deswegen ist der Sinn der meisten solcher Formel äußerst begrenzt und fraglich und mehr von Unsinn geprägt , ja viele Formeln sind sogar völlig wertlos.

Es handelt sich hierbei um eines der größten Irrtümer der Physik und Astronomie, da bisher vielfach versucht worden ist , für viele Naturphänomene und Beobachtungen Formeln aufzustellen und deren Richtigkeit durch Formeln zu beweisen . Die Berechnungen aufgrund solcher Formeln sind somit mehr als fragwürdig , überhaupt nicht brauchbar und teilweise sogar völlig falsch.
Hier sind z.B. zu nennen Berechnungen zwecks Beweisführung für die Urknalltheorie , für die sogenannten

schwarzen Löcher und Berechnungen für viele weitere astronomische Erscheinungen, die Milliarden Lichtjahre von uns entfernt sind oder vor Milliarden Jahren sich abgespielt haben.

Kapitel 7

Meine Theorie

zur Ursache und Lösung der

Chaos-Phänomene

Chaos-Gesetze

Chaos-Phänomene gehören zu den neueren Entdeckungen und haben noch nicht einen ihrer Bedeutung angemessenen Platz in der Wissenschaft gefunden.

Es handelt sich dabei um faszinierende und äußerst rätselhafte Erscheinungen , deren immense Bedeutung für die Natur und für das gesamte Universum noch nicht ausreichend erkannt worden ist und deren Ursache bisher völlig im Dunkeln lag.

Chaos-Gesetze :

Faktor Entfernung oder Distanz (Nr. 1 und 2):

1. Im Nahbereich , bei kleinen nahen Distanzen bzw. Entfernungen und in den Bereichen **der kleinen und der mittleren Größen sind Lokalisationsbestimmungen und Vorhersagen aufgrund von Formeln im allgemeinen gut möglich , die Unschärfre ist dort äußerst gering.** Dies haben z.B. die **Pendelversuche** gezeigt . Ein weiteres Beispiel wäre eine **Schraubenfeder** , die mit verschiedenen Gewichten belastet wird . Durch diese Schraubenfeder sind exakte Berechnungen und vorhersagen in kleinen und mittleren Bereichen möglich, aber im Überdehnungsbereich , also in relativ größeren Bereichen wird der Zustand chaotisch, genauere Berechnungen und Vorhersagen sind nicht mehr möglich .

Das ist dadurch bedingt, daß mit größer werdender Entfernung bzw. Distanz weitere Faktoren hinzu kommen , die nicht vorhersehbar und nicht bekannt waren , schon kleinste Veränderungen können zu ganz anderen Ergebnissen führen . In diesen Bereichen kann nur mit **Wahrscheinlichkeiten** gearbeitet werden . Oder bei dem Beispiel Schraubenfeder wird durch Überdehnung der Linearitätsbereich verlassen .

2. Bei größer werdenden Distanzen und Entfernungen werden die Vorhersagen und Lokalisationen immer unschärfer , s. Abb.1 :

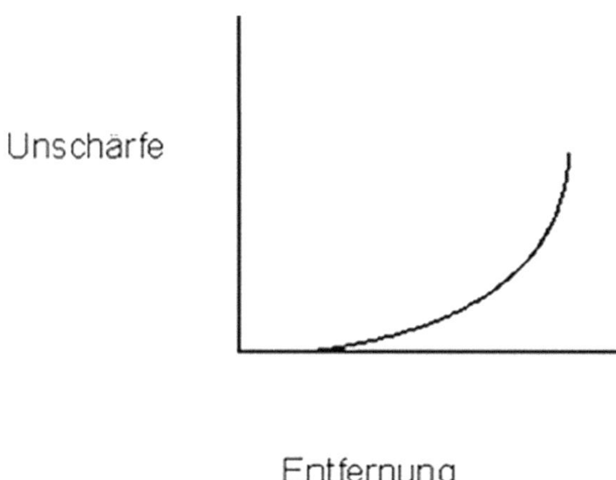

Abb. 1

Auch hier können der **Pendelversuch** und die **Schraubenfeder** als Beispiele erwähnt werden .

Bei größeren Entfernungen wird die Unschärfe u.a. auch deswegen immer größer , da die Wahrscheinlichkeit immer weiter zunimmt, in chaotische Phasen hineinzukommen bzw. sie zu durchlaufen.

Diese Tatsache, daß die **Entfernung bzw. die Distanz** bei der Frage der beschränkten Möglichkeit exakte Vorhersagen machen zu können , von fundamentaler Bedeutung ist , spielt insbesondere im Bereich der Astronomie eine äußerst wichtige Rolle , da bei der Astronomie es sich   im allgemeinen um riesigen Entfernungen und Dimensionen von Lichtjahren handelt . **Deswegen müsste es selbstverständlich sein, daß insbesondere im Bereich der Astronomie exakte vorhersagen und Berechnungen mit sehr großer Unsicherheit behaftet sein müssen .**

Faktor Zeit (Nr. 3 und 4):

3. Je kleiner der Zeitablauf, umso größer ist die Exaktheit der Vorhersagen und   Lokalisationen .

4. Und umgekehrt je größer der Zeitablauf, umso größer die Unschärfe und die   Unexaktheit der Ereignisse.

Die meisten Formeln enthalten keinen Zeitfaktor und berücksichtigen somit die Zeit überhaupt nicht .

Je länger aber Zeit verstreicht , desto **unexakter** muß das Ergebnis der Berechnung bzw. die Vorhersage sein , **da je länger die Zeit ist , die dazwischen liegt, umso größer haben verschiedene nicht vorhersehbare Zufälle und Faktoren die Möglichkeit einzuwirken und umso öfters besteht**

die Wahrscheinlichkeit chaotische Phasen zu durchlaufen (vergl. meine nachfolgende Theorie), s. Abb. 2 :

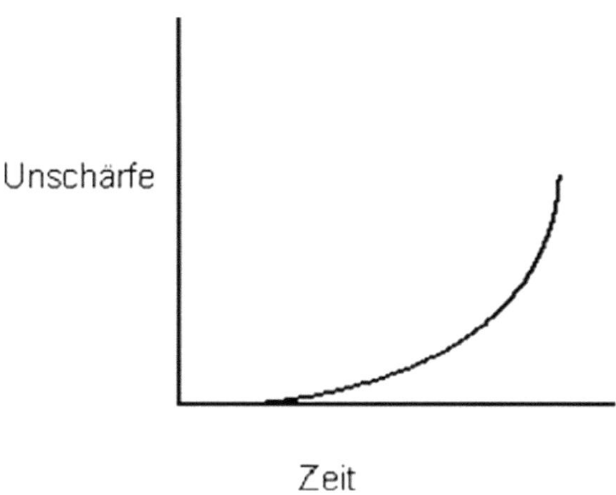

Abb. 2

Solange es sich um Minuten, Stunden , Monate oder Jahre handelt, mögen diese Unschärfen noch klein sein , die Sache wird aber extrem wenn es sich um Jahrhunderte, Jahrtausende , Millionen oder sogar Milliarden von Jahren handelt .**Durch den Faktor Zeit kann dadurch ein Ergebnis so beeinflusst werden , daß dadurch auch nicht ungefähr ein Ergebnis vorausberechenbar oder voraussehbar wird .**

Ich habe mich immer stark gewundert, daß einige Astronomen versuchen durch Formeln die genauen Einzelheiten, die genauen Verhältnisse ,

die genauen Parametern und einzelne Zahlen zur Zeit des unterstellten sogenannten Urknalls , also vor mindestens ca. 10-15 Milliarden Jahren zu berechnen und sogar noch einen Schritt weiter gehen und meinen die Richtigkeit einzelne kosmologischen Theorien alleine durch einige Formeln überprüfen zu können .

Oder es wird immer wieder versucht, durch bloße Formeln Zahlen zu ermitteln über einzelne Sterne , die mehrere Milliarden Lichtjahre von uns entfernt sind.

Welchen Wert diese Berechnungen haben geht aus den obigen Ausführungen eindeutig hervor . Danach durfte der Wert nicht allzu groß sein .

5. Ein Chaos kann wieder in einen Ordnungszustand übergehen und umgekehrt ein Ordnungszustand kann jederzeit wieder chaotisch werden.   Dies scheint sogar die Regel zu sein .

 Diese Übergänge können sich oft wiederholen .

Das ist auch einer der Gründe , weshalb der Zeitfaktor eine wichtige Rolle spielt bei dem Ausmaß der Unschärfe , da je länger Zeit verstreicht , um so häufiger Chaos-Zustände durchlaufen können

6. Bevor ein Ordnungszustand in einen Chaotischen Zustand übergeht gibt es öfters bestimmte Alarmzeichen. Eines dieser Alarmzeichen ist die Verdopplung der Periode (d.h. Verlangsamung um die Hälfte) ,s. Abb. 3 :

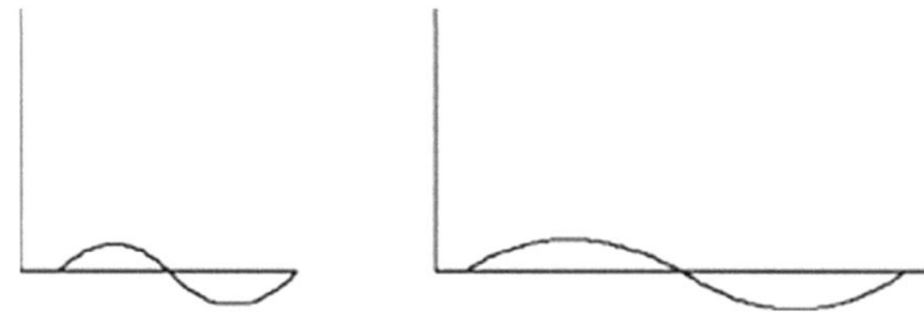

Abb. 3

7. Auch bei einem Chaos-Zustand ist nicht alles total chaotisch, sondern es gibt auch dort durchaus eine gewisse Ordnung bzw. bestimmte Regeln .

Wenn wir z.B. bei dem schon erwähnten **Pendelversuch** die Ergebnisse des Experiments aufzeichnen, werden wir sehen, **daß auch das Chaos nach einem bestimmten Muster vor sich geht** .

Ein weiteres Beispiel wären die **Sterne am Himmel**. Ihre Positionen sind zwar aus dem Chaos –Zustand zufällig hervorgegangen , bei genauen Hinschauen werden wir aber auch dort ein **bestimmtes Muster** feststellen (vergl. auch **meine wissenschaftliche Arbeit über „ Die Verteilung der Sterne).**

Ein   3 . ebenfalls sehr gutes Beispiel wäre die Sonnenaktivität , die bedingt ist durch das **Magnetfeld der Sonne** . Wir wissen, daß das Magnetfeld der Sonne chaotisch ist .   Innerhalb dieses Chaos gibt es aber eine Regelmäßigkeit, derart daß die **Sonnenaktivität** und somit auch das Magnetfeld einen regelmäßigen **11-jährigen Zyklus** zeigt , d.h. alle 11 Jahre ein Maximum aufweist .

8.   Nicht alle Systeme verhalten sich gleich.
Es gibt Systeme , die im allgemeinen gut berechenbar und recht stabil sind   , sodaß Vorhersagen auch über längere Zeiträume   gut möglich sind.   Hier sind z.B. die Planetenbahnen unseres Sonnensystems zu erwähnen.

Es gibt aber Systeme , bei denen öfters chaotische Zustände auftreten bzw. bei denen chaotische Phasen überwiegen , sodaß hier Vorhersagen fas unmöglich sind.

Es gibt auch Systeme, die dazwischen liegen .

Meine Theorie über die Ursache des Chaos-Phänomens :

Die Materie bzw. Elementarteilchen und ihre Bestandteile befinden sich ständig in einem Schwingungszustand zwischen dem materiellen und dem Energiezustand (immateriellen Zustand). Es handelt dabei um äußerst schnelle Schwingungen , wie bei den Materiewellen

$$M \leftarrow \rightarrow E$$

Wir wissen seit de Broglie, daß Materie aus Materiewellen besteht . Jede Welle besteht bekanntlich aus sogenannten Knoten und Bäuchen .

Diesen Zustand der Materie kann man sich vorstellen als eine Art **Resonanzzustand** .

Gemäß meiner Theorie sind die Knoten vergleichbar mit dem materiellen Zustand, und die Bäuche mit dem Energiezustand der Materie.

Außerdem bewegen sich die Teilchen und ihre Bruchteile sehr unregelmäßig, nach den Wahrscheinlichkeitsgesetzen.

Die Teilchen befinden sich somit ständig in Umwandlung und Änderung. Ein Teilchen ist nicht einmal Bruchteile einer Sekunde später das, was es vorher war

Die Materie ist deswegen gleichzeitig sowohl materiell als auch immateriell, d.h. sie hat gleichzeitig materielle und immaterielle Eigenschaften, wie wir oben dargestellt haben .

Exakt diese Schwingungen zwischen dem materiellen und Energiezustand der Materie sind auch die Ursache der Chaos-Phänomene .

Der materielle Zustand ist ein **geordneter** und relativ stabiler Zustand , während der Energiezustand bzw. der Wellenzustand einen **ungeordneten Zustand** darstellt , wie man sich leicht vorstellen kann . Die Materie schwingt deswegen ständig zwischen einem geordneten und einem ungeordnetem d.h. **chaotischen Zustand** , und trägt deswegen buchstäblich in sich neben einer geordneten , auch eine **chaotische Anlage . Dies ist der Materie sozusagen angeboren .**

Das ist die Ursache der Chaos-Phänomene nicht nur auf unserem Planeten , sondern auch im ganzen Universum .

Dies erklärt gleichzeitig auch weshalb die Chaos-Phänomene so verbreitert sind und überall anzutreffen sind , weil es zu den Grundeigenschaften der Materie gehört , auch chaotisch zu reagieren . Es wäre geradezu völlig unverständlich, wenn die Chaos-Phänomene nicht existieren würden .

Diese Theorie erklärt gleichzeitig auch sämtliche Chaos-Gesetze (vergl. meine wissenschaftliche Arbeit über die Chaos-Gesetze) .

So kann man auch sehr gut verstehen, weshalb z.B. die berechenbaren geordneten Zustände sich mit den chaotischen Zuständen abwechseln , weshalb mit der Länge der Zeit und der zunehmenden Entfernung auch die Chaos-Phänomene zunehmen .
So ist auch jetzt völlig verständlich , weshalb die geordneten Zustände in chaotische Zustände übergehen können und umgekehrt .

Wir sollten aber eines hier nicht versuchen, was vielfach versucht wird , **nämlich nicht versuchen auch für die Chaos-Phänomene Formeln bzw. Gleichungen zu entwickeln** , um z.B. Berechnungen vorzunehmen oder um Vorhersagen machen zu können . Wenn wir das versuchen, dann haben wir das gesamte Fundament und das gesamte Wesen der Chaos-Phänomene nicht verstanden .

Insbesondere die Chaos-Phänomene und überhaupt die ganze Natur und das ganze Universum lassen sich keine Fesseln anlegen . Dies hat auch durchaus **einen tieferen Sinn** :   Wäre es nicht so, so hätte das Universum und die ganze Natur keineswegs diese ganze Vielfalt zustande bringen können , die wir heute sehen .

Die ganze Natur und das ganze Universum müssen sich frei entwickeln und entfalten können, um diese Vielfalt zu erreichen. Jegliche Formeln und Gleichungen würden Hemmschuhe darstellen. Die Natur braucht viel Phantasie und Zufall . Ohne sie hätte das Universum nicht viel zustande bringen können .

Andererseits braucht das Universum gleichzeitig auch eine gewisse Ordnung . Z.B. die Bahnen der Planeten unseres Sonnensystems brauchen unbedingt eine gewisse Ordnung und Stabilität , d.h. ziemlich stabile Bahnen . Auch die Entwicklung des Lebens setzt ziemlich stabile Bedingungen voraus . Z.B. allzu große Temperaturschwankungen , insbesondere Verschiebungen der Temperatur in erheblich höheren Bereichen wären tödlich und würden jegliches Leben auslöschen .

Die Tatsache, daß unsere Erde mittlerweile seit ca. 4,6 Milliarden Jahre existiert und seit ca. 4 Milliarden Jahren Leben darauf entstanden ist , das sich im Laufe der Evolution konsequent weiterentwickelt hat, zeigt, daß im Universum durchaus auch geordnete und ziemlich stabile Zustände über längere Zeiträume existieren und sich etablieren können .

Es bleibt an dieser Stelle nochmals nachzudenken über den Sinn unserer gesamten Formeln . Diese, Problematik war aber bereits Gegenstand des Kapitels 6, weshalb hiermit darauf verwiesen wird.

Kapitel 8

Alter des Universums

Bei der Bestimmung des Alters des Universums ist den Astronomen ein großer Fehler unterlaufen. Im allgemeinen wird das Alter des Universums heute auf ca. 12-15 Milliarden Jahre geschätzt. Dies kann aber nicht stimmen.

Es muß noch hinzugefügt werden, daß in der Astronomie das Alter des Universums Im Laufe der vergangenen Dekaden laufend in Schritten von Milliarden Jahren nach oben korrigiert worden ist.

Es gibt mehrere Methoden der Altersschätzung des Universums :

1. **Die Parallaxenmethode** ist nur geeignet für nahe Objekte, und ist deswegen für die Altersbestinnung des Universums nicht geeignet.

2. Durch **Temperaturmessung bei weißen Zwergen** und Berechnung der Abkühlungszeit. Diese Methode ist nicht anwendbar auf die weit entfernten weißen Zwergen, da sie schwach strahlen und somit nicht sichtbar sind, und deswegen

nicht anwendbar für die Altersbestimmung des Universums.

3. **Die Urknallmethode , d.h. Berechnung aufgrund des Urknalls** bzw. durch die Hintergrundstrahlung. Da jedoch die ganze Urknalltheorie nicht richtig ist (**s. mein Buch „ Das Geheimnis der Entstehung des Universums, meine DPNS-Theorie ,,),** scheidet auch diese Methode völlig aus.

4. **Die Radioaktive Methode:**

   a. Bei **Meteoriten** , die hier auf unserer Erde gelandet sind : Diese Meteoriten stammen meist von unseren Sonnensystem selbst und somit von unserer „näheren" Umgebung und nicht von den Objekten, die Milliarden Lichtjahre von uns entfernt sind. Deswegen scheidet diese Methode ebenfalls für die Altersbestimmung des Universums aus.

   b. **Durch Analyse der Spektren der weiten Sterne, die Milliarden Lichtjahre entfernt sind** : Diese Methode ist mit großem Fehlern verbunden, worauf im einzelnen hier im Rahmen dieses Buches nicht eingegangen werden kann.

5. **Altersbestimmung aufgrund der Rotverschiebung und somit aufgrund der Entfernung** (Hubble): Dies scheint mir die beste Methode zu sein.

Die entferntesten Himmelsobjekte, die wir kennen, sind die Quasare, deren Entfernung zu uns ca. 12-15 Milliarden Lichtjahre beträgt. Dies bedeutet, daß das Licht dieser Quasare ca. 12-15 Milliarden Jahre braucht, um uns zu erreichen . **Dies bedeutet wiederum, daß deren Licht, das hier eintrifft, diese Objekte vor ca, 12-15 Milliarden Jahren verlassen hat und eben genau 12-15 Milliarden Jahre unterwegs war.**

Das zeigt somit, nicht wie diese Objekte heute aussehen, sondern wie sie vor ca. 12-15 Milliarden Lichtjahren ausgesehen haben.

Und exakt hier ist den Astronomen ein gravierender Fehler unterlaufen , es ist nämlich übersehen worden, daß die Entwicklungszeit der Quasare , bzw. die Beschleunigungszeit von 0 bis ungefähr auf die Lichtgeschwindigkeit, zu dem geschätzten Alter des Universums von 12-15 Milliarden Jahren <u>hinzugerechnet</u> werden muß.

Die Rotverschiebung der Quasare deutet darauf   hin, daß diese Objekte sich mit   riesengroßen   Geschwindigkeiten bewegen,   die   nah   bei   der   Lichtgeschwindigkeit von 300 000 km/s liegt . Genauer gesagt, dies war der Fall als deren Lichtstrahlen sie von ca. 12-15 Milliarden Jahren verlassen haben . Was heute aus Ihnen geworden ist, wissen wir nicht.

Die Quasare haben sich selbstverständlich nicht immer mit diesen Riesengeschwindigkeiten bewegt, sondern haben bei der Entstehung des Universums mit der Geschwindigkeit 0 angefangen.

Somit brauchten sie zunächst viele Milliarden Jahre, bis auf diese Geschwindigkeit nahe der Lichtgeschwindigkeit anzukommen . Gleichzeitig brauchten sie auch Milliarden Jahre Zeit für ihre Entwicklung bis zum Quasarstadium ,da die Quasare m.E. erst in Galaxien entstehen, die sich im Finalstadium d.h. am Ende ihrer Entwicklung befinden . Wir wissen ferner auch nicht genau , **wann** die betreffenden Galaxien entstanden sind.

Alleine dadurch müßte das geschätzte Alter des Universums von 12-15 Milliarden Jahre mit mindestens ca. 2 multipliziert werden, so daß ein Alter von ca. 24-30 Milliarden Jahre heraus kommt.

Um das besser verständlich zu machen: Nach der Entstehung des Universums mußte die Materie dieser Quasare, Hand in Hand mit ihrer Entwicklung bis zum Quasarstadium, zunächst bis auf die enormen Geschwindigkeiten beschleunigt werden , die wir heute aufgrund ihrer Rotverschiebungen feststellen können, erst dann haben diese Lichtstrahlen , die wir heute hier empfangen können, sie verlassen und brauchten nochmals ca. 12-15 Milliarden Jahre um hier bei uns anzukommen . Deswegen ist nur logisch, daß diese 2 Zeiten zusammen addiert werden müssen, um das Alter des Universums berechnen zu können.

Aber auch diese Berechnung ist noch nicht ganz richtig, da noch ein weiterer Faktor berücksichtigt werden müßte.
Es wurde bei der Berechnung ebenfalls außer Acht gelassen, daß wir mit unserer Erde , mit unserem Sonnensystem und mit unserer Galaxie keineswegs das Zentrum des Universums sind und somit uns keineswegs im Zentrum des Universums befinden.

Die nachfolgenden Zeichnungen mögen diese Problematik
verdeutlichen:

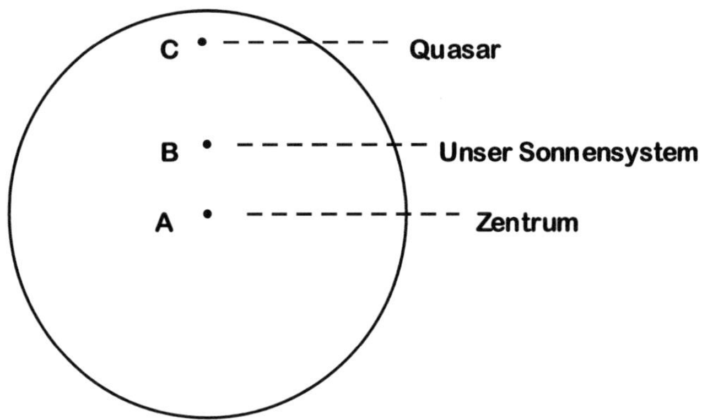

Abb. 1

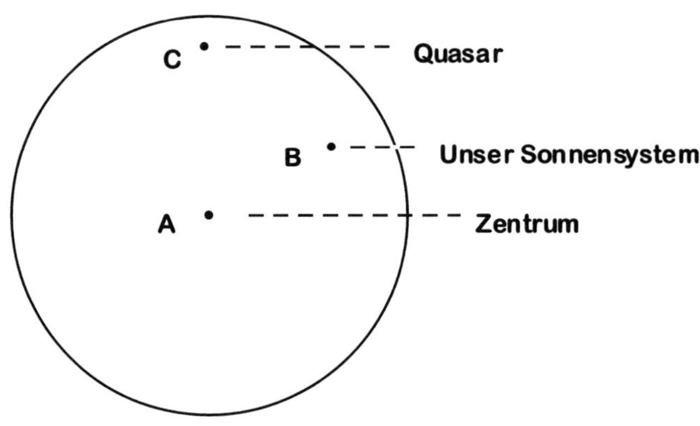

Abb. 2

Die obigen Abbildungen zeigen **2 verschiedene mögliche Positionen von uns im Universum.** Da wir , wie oben erwähnt , unsere genaue Position im Universum nicht kennen, kommen natürlich auch zahlreiche andere Positionen in Frage.

Dies hätte zur Folge, daß sich dadurch die Abstände z.T. erheblich ändern könnten, sodaß die Altersbestimmung des Universum dadurch teilweise voneinander erheblich abweichende Werte ergeben würde.

Z.B. bei unserer Position in Abb. 1 würde das Licht des Quasars uns früher erreichen als bei unserer Position in Abb. 2 , sodaß dadurch eine kleinere Entfernung bestünde und somit aufgrund dessen auch ein geringeres Alter des Universums angenommen würde.

Dies könnte eine weitere Korrektur des Alters des Universums erforderlich machen, die aber derzeit nicht möglich ist, da in der Astronomie immer noch unbekannt ist , wie die Position unserer Galaxie im Universum ist und wo sich das Zentrum und der Rand des Universums befinden.

Die Einzelheiten könnten aber noch komplizierter sein, worauf aber hier nicht näher eingegangen werden kann . Deswegen wird wegen einer umfassenden Darstellung verwiesen auf **meine wissenschaftliche Arbeit „ Wo befindet sich das Zentrum des Universums ?".** Dort wird genauer auf diese Problematik eingegangen und im Rahmen einer Theorie von mir auch genau angegeben wie wir das Zentrum und den Rand des Universums ermitteln können.

Die bisher erwähnten Korrekturen führten zu einer beachtlichen Erhöhung des geschätzten Alters des Universums. Aber ein weiterer sehr wichtiger Faktor ist bisher außeracht geblieben, nämlich die **Berücksichtigung meiner energetischen Relativitätstheorie, die zu einer <u>Reduzierung</u> des geschätzten Alters des Universums führt , da das Ausmaß der Rotverschiebung keineswegs nur von der Entfernungsgeschwindigkeit abhängt, sondern auch vom Energiezustand.**

Voraussetzung für die richtige Bewertung der Rotverschiebung wäre also die genaue Kenntnis über den <u>Energiezustand</u> des jeweiligen Sterns. Die genauen Energiezustände der Sterne bzw. im Bereich der Sterne sind aber weitgehend unbekannt.

Im übrigen sind die Angabe der Entfernung in Lichtjahren in der Astronomie irreführend, da das Licht weiter Sterne und Galaxien unterwegs zwangsläufig an vielen anderen Sternen und Galaxien vorbeiläuft und die Gravitation dieser Sterne und Galaxien das quasi vorbeilaufende bzw. durchlaufende Licht ablenken und so den Weg verlängern können . Dies bedingt, daß die einzelnen Lichtjahre nicht gleich zu sein brauchen.

Wegen der ausführlichen Darstellung meiner energetische Relativitätstheorie wird verwiesen auf Kapitel 12 dieses Buches, ferner auf mein Buch „ Sind die Relativitätstheorien von Einstein richtig ?, meine energetische Relativitätstheorie „.

Deswegen muß von der Rotverschiebung bzw. von dem Entfernungsfaktor ca. 40% abgezogen werden , wodurch das geschätzte Alter des Universums von 24-30 Milliarden Jahren auf **19-24 Milliarden Jahre** reduziert wird.

Es muß ferner klargestellt werden, daß es sich hierbei immer noch nicht um das Alter schlechthin, sondern um das **Mindestalter** des Universums handelt, und sobald feststeht, wo der Mittelpunkt des Universums ist , evt. weiter nach oben korrigiert werden müsste.

Kapitel 9

Die Urknall-Theorie

ist nicht richtig

In meinem Buch „ Das Geheimnis der Entstehung des Universums, meine DPNS-Theorie „ bin ich sehr ausführlich auf die Urknalltheorie eingegangen und habe dort anhand von 16 Beweisen bzw. Argumenten nachgewiesen , daß die Urknalltheorie nicht richtig und überhaupt nicht brauchbar ist .

Deswegen wird hier an dieser Stelle wegen einer ausführlichen Darstellung der Thematik darauf verwiesen .

Dort wird ferner sehr ausführlich dargestellt, daß es sich bei der Urknalltheorie mehr um Phantasie bzw. mehr um eine Verlegenheitslösung handelt als um Realität .

Die Urknalltheorie kann ferner so gut wie __keine__ der dort aufgeworfenen bzw. kurz angeschnittenen Fragen beantworten .
Sie wirft sogar mehr Fragen auf, als sie beantworten kann und macht die Problematik noch verworrener.

Im Rahmen dieses Kapitels wird deswegen dies alles nur kurz erwähnt , als Ergänzung der Thematik dieses Buches .

Kapitel 10

Meine DPNS-Theorie

(Dynamische phasenverschobene

Nullsummen-Theorie)

Diese Theorie ist sehr ausführlich dargestellt **in meinem Buch,, Das Geheimnis der Entstehung des Universums, meine DPNS-Theorie ,,** und wird hier im Rahmen dieses Kapitels nur als Ergänzung der Thematik dieses Buches kurz erwähnt.

Wenn Sie sich näher für diese Thematik interessieren , möchte ich Sie deswegen verweisen auf mein oben genanntes Buch, das neben einer erheblich ausführlicheren Darstellung meiner DPNS-Theorie, einige weitere interessante Theorien von mir sowie viele faszinierenden Darstellungen und Ausführungen aus dem Gebiet der Astronomie und Schöpfung beinhaltet .

Nach meiner DPNS-Theorie ist das Universum aus 0 hervorgegangen und ist

ein kugelförmiges, dynamisches und phasenverschobenes Nullsummen-System, das Pulsationen durchführt zwischen 0 und unendlich , d.h. daß mal größer und schließlich unendlich groß wird ,und mal kleiner wird und schließlich einen 0-Wert annimmt , wobei zwischen diesen 2 Zuständen viele Milliarden von Jahren liegen. Es handelt sich um riesige Schwingungen zwischen Nichts (0) und Alles (unendlich).

Am Anfang der Expansionsphase steht die Zeit bei 0 und fängt an zu laufen. Es entsteht laufend Raum , d.h. der Raum wird immer größer , und es entsteht laufend Energie , wobei aus der Energie laufend Materie entsteht. Am Ende der Expansionsphase bzw. am Anfang der Kontraktionsphase fängt die Zeit, nach kurzem Stillstand wieder an zu laufen, jedoch in umgekehrter Richtung ,der Raum wird dann immer kleiner und auch die Energie wird immer geringer, wobei aus der Energie laufend Antimaterie entsteht .

Wir wissen aus der Physik, daß Energie und Masse äquivalent sind, d.h. daß sie gleichwertig sind . Sie können sich ferner ineinander umwandeln.

Diese Theorie basiert auf den Gesetzen und Prinzipien der Mathematik und Physik , auf Beobachtungen und Experimenten der Physik , auf Naturgesetzen , sowie auf den Beobachtungen der Natur, Gleichzeitig wird diese Theorie dadurch bewiesen.

Ergänzend möchte ich ferner an dieser Stelle verweisen insbesondere auf meine folgenden wissenschaftlichen Arbeiten : "Hinter den Quasaren", "Leuchtfeuer am Scheitelpunkt des Universums", "Am Anfang war es ganz düster ", " Die pränatale Galaxie- und Sternentwicklung bzw. die Entstehung der Materie ", „Das Geheimnis der Galaxien" , "Wo befinden wir uns im Universum?", "Reise tief ins Universum", "Das verzerrte Universum", "Wir rasen durchs Universum", "Ist die Bezeichnung Raum-Zeit-Kontinuum sinnvoll ?", "Entfernung als Maßstab für die Vergangenheit?", Das Alter des Universums " , "Weshalb ist das Universum so groß?" , und möchte darauf hinweisen, daß jede wissenschaftliche Arbeit u.a. mindestens eine Theorie von mir beinhaltet.

Kapitel 11

Kosmische Hintergrundstrahlung

und ihre Deutung

Die kosmische Mikrowellen-Hintergrundstrahlung wurde rein zufällig entdeckt (s. Abb.):

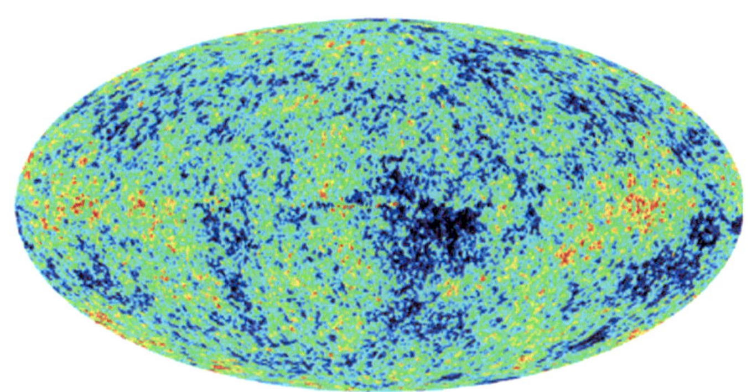

Arno A. Penzias und Robert W. Wilson wollten 1964 im Auftrage des Forschungslabors der Bell Telephone Company die Intensität der Radiowellen messen, die von unserer Galaxie emittiert werden, Sie beobachteten bei einer Wellenlänge von 7,35 cm ein starkes Rauschen, das offenbar zunächst keine Abhängigkeit von der Richtung aufwies. Sie nahmen zunächst an, dieses Rauschen würde von der Antenne selbst erzeugt, da praktisch jeder Gegenstand bei einer Temperatur oberhalb des absoluten Nullpunktes ein Radiorauschen ausstrahlt.

Da man die Intensität bzw. die Energie jeder Wellenlänge auf eine Äquivalent-Temperatur beziehen kann, stellten Penzias und Wilson fest, daß das empfangene Radiorauschen eine Äquivalent-Temperatur von 3,5 Grad Kelvin hat.

Unabhängig davon, hatte man vorausgesagt, daß aus dem früheren Universum eine Strahlung mit einer Äquivalent-Temperatur von ca. 50 Grad K existieren müßte.

Als die Entdeckung von Penzias und Wilson bekannt wurde, **korrigierte man drastisch** und willkürlich diese Voraussage von 50 K auf 3,5 K und bezog die 3,5 K-Strahlung auf die Entstehungszeit des Universums.

Damit eine Übereinstimmung erzielt werden konnte, mußte man sich jedoch eines weiteren Kunststücks bedienen. Man nahm an, daß diese Strahlung aus einer Zeit stammen müßte, als die Temperatur   kurz   nach   der

Entstehung des Universums ca. 3000 K betrug, und dann bei einer Expansion des Universums um den Faktor 1000, würde diese 3000 K-Schwarzkörperstrahlung heutzutage als die 3 K-Strahlung empfangen werden können.
Mittlerweile ist bei genaueren Messungen der Wert 3 K korrigiert worden auf **2,725 K.**

Es ist somit alles mögliche versucht worden, durch Korrekturen und Änderungen völlig künstlich eine Übereinstimmung herzustellen.

Man nahm also an, es handelt sich bei der 3 K-Strahlung bzw. 2,725 K-Strahlung um eine entsprechend ins rot verschobene 3000 K-Strahlung aus den Anfängen des Universums.

Ich möchte entschieden bestreiten, daß diese Deutung zutrifft. Es handelt sich vielmehr um eine an den Haaren herbei gezogene Deutung , die völlig künstlich erfunden worden ist. **Bei den Deutungen hat man sich also krampfhaft bemüht praktisch durch mehrere schönheitschirurgische Operationen eine Sache künstlich zu beweisen.**

Insbesondere folgende Tatsachen sprechen gegen diese Deutung:

1. Ein Urknall ist überhaupt nicht stattgefunden (s. mein Buch „Das Geheimnis der Entstehung des Universums"). Deswegen ist auch jede Suche nach entsprechenden Reststrahlen völlig überflüssig.

2. Aber völlig abgesehen davon, daß ein Urknall überhaupt nicht stattgefunden hat, kann so eine Strahlung nicht nach so langer Zeit, d.h. nach ca. 15 Milliarden Jahre noch existieren, sonst müßten auch die anderen Begleiterscheinungen des Urknalls noch existieren.

3. Ohne die schönheitschirurgischen Maßnahmen würde nicht einmal die Frequenz übereinstimmen, sondern erheblich abweichen.

4. Das Material unseres Sonnensystems müßte auch letzten Endes dem Gebiet entstammen , aus dem diese Hintergrundstrahlung entstand, **Dadurch könnte diese Urknallstrahlung keine Rotverschiebung zeigen,** sondern müßte frequenzgetreu hier ankommen, da dieses Gebiet der damaligen Strahlung sich genau so ausgebreitet haben **muß,** wie das Material, aus dem unser Sonnensystem entstand.

5. Bei der Berechnung der Rotverschiebung hat man die enormen sonstigen Energieverhältnisse wie z.B. die **Druckverhältnisse bei dem " Anfang" des Universums überhaupt nicht berücksichtigt.** Nach meiner energetischen Relativitätstheorie (s. mein Buch „ **Sind die Relativitätstheorien von Einstein richtig? meine energetische Relativitätstheorie"**) bewirkt aber so ein hoher Druck eine enorme zusätzliche Rotverschiebung.

6. Wenn die obige Deutung der Hintergrundstrahlung zutreffen würde, so **müsste** sie nicht von allen Seiten gleich stark sein, **sondern <u>von einer Seite</u> stärker sein (da das Universum ein Zentrum und einen Rand hat). Nach dem Ergebnis der Messungen <u>trifft dies jedoch ebenfalls nicht zu.</u>**

Mittlerweile ist Hintergrundstrahlung außer im Mikrowellenbereich auch im Röntgenbereich und im Infrarotbereich entdeckt worden.

Meine Theorie der Entstehung der kosmischen Hintergrundstrahlung:

Diese Theorie löst alle diese Probleme:

Bei der kosmischen Hintergrundstrahlung handelt es sich mach meiner Meinung um eine Strahlung der sogenannten Interstellarraums (d.h. des Raums zwischen den Sternen) des ganzen Universums .

Wir wissen, daß die Raumtemperatur 2,725 K (Grad Kelvin) beträgt . Deswegen **muß** diese Strahlung dieser Temperatur entsprechen . **Es handelt sich also um die normale Strahlung des schwarzen Körpers entsprechend seiner Temperatur.**

Über den Interstellarraum hatte man bis vor kurzem völlig falsche Vorstellungen. **Dieser Raum ist nämlich alles andere als leer.**

Insbesondere seit der Beobachtungen aus der **Quantenphysik** wissen wir, daß sogar auch im Vakuum Elementarteilchen vorhanden sind , die sich laufend in Energie umwandeln und umgekehrt , und daß deswegen auch der sogenannte Interstellarraum (auch der Interstellarraum zwischen den einzelnen Sternen unserer eigenen Milchstraße) nicht leer ist, sondern daß sich dort ebenfalls Elementarteilchen befinden , die sich laufend in Energie umwandeln und umgekehrt. Deswegen muß auch der Interstellarraum seine eigene Strahlen haben. Dort müssen sogar **massive Energiemengen** vorhanden sein (s. unten) , die sich laufend in Materie umwandeln und umgekehrt. Es wäre sogar völlig unverständlich , wenn sie sich nicht durch elektromagnetische Wellen bemerkbar machen würden.
Wir sind in der Astronomie normalerweise gewöhnt nur **punktförmige** Erscheinungen zu empfangen , wie z.B. das Licht der Sterne..
Wir empfangen selbstverständlich auch **punktförmige** Erscheinungen (z.B. Licht, Rö.-Strahlen usw.) von unserer eigenen Galaxie bzw. von seinen Sternen.

Es gibt aber auch eine ganze Reihe von diffusen Lichterscheinungen, wie z.B. das Polarlicht oder die Wärmestrahlung.

Wir vergessen bei diesen Überlegungen leicht , daß wir uns zusammen mit unserem gesamten Sonnensystem **innerhalb** unserer eigenen Galaxie befinden, d.h. unsere Galaxie befindet sich um uns herum und wir sind praktisch ein Teil davon .   Unsere Galaxie befindet sich ferner mitten im

Universum .

Deswegen müßten diese diffusen Strahlen sich um uns herum befinden und praktisch von allen Seiten zu empfangen sein.

Der Interstellarraum ist also , wie bereits erwähnt keineswegs leer, sondern ist gefüllt von zahlreichen Elementarteilchen und vielen Energiewellen, die sich laufend ineinander umwandeln. Es handelt sich teilweise um gewaltige Energiemengen, die man bisher als die sogenannte dunkle Materie fehlgedeutet und unterschätzt hat (vergl. auch Kapitel 12, 13 und 14, meine Gravitationsformel und ferner mein Buch „ Sind die Relativitätstheorien von Einstein richtig? , meine energetische Relativitätstheorie").

Deswegen ist die Menge der interstellaren Materie keineswegs gering, insbesondere wenn man bedenkt welche Dimensionen der interstellare Raum hat. Es handelt sich ja bekanntlich nicht nur um eine Schicht, sondern **um viele Milliarden Schichten,** die übereinander liegen, **sich addieren und deswegen durchaus die Intensität der gemessenen Hintergrundstrahlung erklären können.**

Insbesondere folgende Tatsachen und Beobachtungen sprechen für die Richtigkeit meiner Theorie, beweisen sie, und widerlegen gleichzeitig die Urknalltheorie:

1. Völlige Übereinstimmung zwischen der zu erwartenden d.h. durch physikalische Rechnung berechnete Wellenlänge der Strahlen des schwarzen Köpers bei einer Temperatur vom 2,725 K im Weltraum und der gemessenen Wellenlänge der Hintergrundstrahlung.

2. Keinerlei Notwendigkeit zur chirurgischen Schönheitsoperationen zwecks Herbeiführen einer Übereinstimmung.

3. Die Inhomogenität der festgestellten Hintergrundstrahlung (auch die Verteilung der Sterne ist ungleichmäßig, vergl. auch meine wissenschaftliche Arbeit über die Verteilung der Sterne) , unterstreicht ebenfalls meine Theorie.

Kapitel 12

Ist das Newtonsche

Gravitationsgesetz richtig?

Schon als Gymnasialschüler war ich ein Bewunderer von Newton ,und seine Gesetze haben mich fasziniert. Das Gravitationsgesetz von Newton ist zweifellos eine der großartigsten   Leistung unserer Astronomie und Physik gewesen und stellte einen großen Meilenstein in der Geschichte der Astronomie und Physik dar.

Später , als ich mich intensiver mit der Materie beschäftigte , kamen mir jedoch zunehmend Zweifel an der Richtigkeit seines Gravitationsgesetzes auf .

Die nachfolgend beschriebene Theorie habe ich schon Ende der 70iger Jahre bzw. Anfang der 80iger Jahre entwickelt , jedoch erst jetzt habe ich   mich zu einer   Publizierung entschieden, da ich an einigen weiteren Theorien arbeitete, die damit teilweise zusammenhingen.

Newton hat damals sein   Gravitationsgesetz bzw. seine Gravitationsformel entwickelt aufgrund von Beobachtungen der Planetenbahnen und -bewegungen **innerhalb** unseres

Sonnensystems und natürlich aufgrund von dem damaligen Kenntnisstand der Wissenschaft .

Seitdem sind ca. 3,5 Jahrhunderte vergangen , es sind in der Zwischenzeit viele weitere Beobachtungen und viele Entdeckungen gemacht worden und der Wissensstand hat sich erheblich weiter entwickelt. Deswegen wollen wir uns überlegen , ob die Gravitationsformel von Newton noch richtig und haltbar ist.

Newton ist in seinem Gravitationsgesetz davon ausgegangen, daß die Gravitation eines Körpers (in seiner unmittelbaren Nähe, also unter der Weglassung des Faktors Entfernung) *konstant* und nur abhängig ist von seiner *Masse:*

$$F = G \cdot \frac{m\,1 \cdot m\,2}{r^2}$$

Ist die Gravitation aber wirklich konstant?

Bevor ich diese Frage beantworte, möchte ich anhand von sehr einfachen nachfolgenden Beispielen und Gesetzen die Wechselwirkungen zwischen **Energie** und **Schwingungen einschließlich der elektromagnetischen Wellen** für jeden besser anschaulich und verständlicher machen , ohne dabei auf viel unnötigen physikalischen Ballast und unnötige Formeln einzugehen :

1. Eine **Schaukel** stellt eine sehr einfache Schwingung dar . Wir wissen alle , daß wenn wir einer Schaukel **Energie zuführen** indem wir z.B. der Schaukel (in Richtung der Bewegung) einen zusätzlichen Stoß geben , die

Schaukelbewegungen d.h. die **Schwingungen intensiver** werden.

2. **Trillerpfeife**: Wenn wir den Druck erhöhen , d.h. kräftiger blasen (= **Energieerhöhung**) wird die Pfeife bekanntlich lauter , d.h. die **Schwingungen werden intensiver.**

3. **Musikinstrumente**:
   Bei einem **Klavier** führt ein festerer Anschlag zu lauteren Klängen   , was gleichbedeutend ist mit einer **Intensivierung der Schwingungen.**

   Bei den **Streichinstumenten**   führt ein festeres Ziehen des Bogens (**Energieerhöhung**) zu lauteren Tönen d.h. zu **intensiveren Schwingungen**).

   Bei den **Blasinstrumenten** wird durch ein kräftigeres Blasen die Lautstärke des Instruments ebenfalls erhöht   , was gleichbedeutend ist mit **einer Intensivierung der Schwingungen (bei sehr starkem Blasen entsteht sogar die höhere Oktave , d.h. eine Frequenzzunahme der Wellen bzw. eine Abnahme der Wellenlänge , vergl. Analogie zu elektromagnetischen Wellen).**

   Bei einer **Pauke** ist das Lauterwerden des Klangs durch festeres Schlagen besonders eindrucksvoll.

   Dies alles bedeutet und demonstriert sehr eindrucksvoll, daß bei einer Energieerhöhung die Schwingungen intensiver werden.

4. **Beim Sprechen und Singen** wird bekanntlich durch Druckerhöhung die Lautstärke erhöht, d.h. **die Erhöhung der Energie führt auch hier zur Intensivierung der Schwingungen.**

5. Eine Glühbirne wird heller, bei einer Erhöhung der Spannung, was gleichbedeutend ist , daß auch hier bei einer **Erhöhung der elektrischen Energie** (die bekanntlich auch proportional abhängig ist von der Spannung.) die emittierte **elektromagnetische Abstrahlung (Licht) intensiver wird.**

6. Röntgenstrahlung: Eine Erhöhung der Spannung der Röhre führt zu Entstehung intensiverer energiereicheren (härteren) Strahlung, bei gleichzeitiger Frequenzzunahme. Die Eindringtiefe der Strahlung nimmt zu .

7. Stefan –Bolzmannsches Gesetz: Danach **nimmt die abgestrahlte Leistung zu** sogar **mit der 4. Potenz der absoluten Temperatu**r, d.h. sie ist stark **Temperatur-** und somit **Energieabhängig**.

8. und sicherlich nicht zuletzt das **Strahlungsgesetz des schwarzen Körpers** (s. unten).

Das alles   bedeutet, daß eine <u>Energieerhöhung</u> zu Entstehung von <u>intensiveren </u>Schwingungen bzw. elektromagnetischen Wellen führen

Wir wissen, daß die Gravitation sich durch **Gravitationswellen** ausbreitet. Sie **gehören zum Spektrum der Elektromagnetischen Wellen**, mit einer enorm kleinen Wellenlänge. **(vergl. meine wissenschaftlichen Arbeiten über Gravitationswellen)** .

Wir kennen alle aus der Physik das **Strahlungsgesetz des schwarzen Körpers bzw. die Hohlraumstrahlung   . Danach nimmt die Intensität der Lichtes (die Energie**

**bzw. die Leistung) zu, wenn die Temperatur erhöht wird,
wobei gleichzeitig die Wellenlänge abnimmt .**

Die nachfolgende Graphik macht dies anschaulich   :

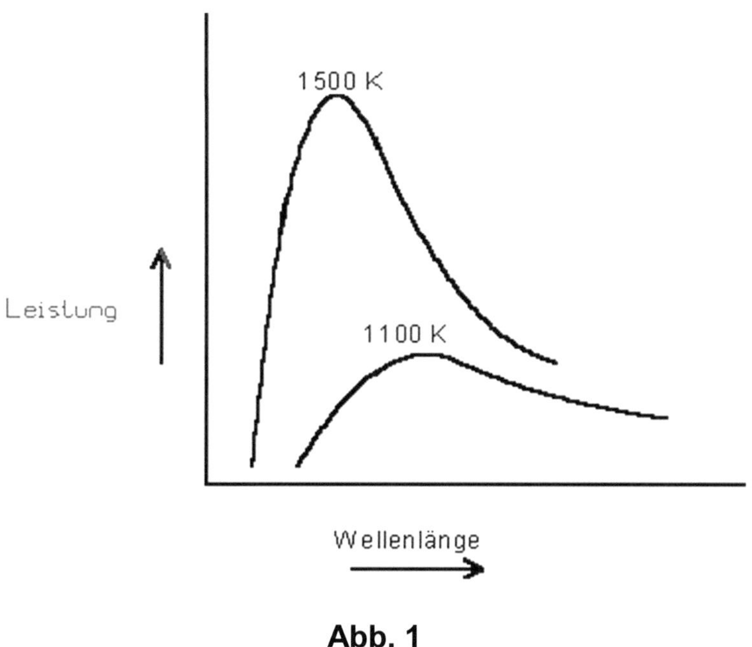

Abb. 1

Wir wissen alle z.B. wenn wir einen Gegenstand (z.B.
Eisen, Holz usw.) erhitzen, daß das Licht intensiver wird und
bei einer stärkeren Erhöhung der Temperatur das
aufgetretene Licht bzw. die aufgetretene Flamme mehr und
mehr eine bläuliche Farbe annimmt , d.h. **bei einer
Erhöhung der Temperatur (Energie) wird das *Licht
stärker* und die *Wellenlänge* wird zunehmend *kürzer*
(blau) .**

Wir wissen, daß dieses Gesetz gültig ist nicht nur für Licht, sondern auch für die übrigen elektromagnetischen Wellen . Also **muß** dieses Gesetz auch gültig sein für die Gravitationswellen .

Dies alles bedeutet im Klartext, daß bei einer Erhöhung der Energie bzw. bei einem höheren Energiezustand, die Intensität und somit die Energie der Gravitationswellen zunimmt , was gleichbedeutend ist mit einer Zunahme der Gravitation. Gleichzeitig nimmt auch die Wellenlänge der Gravitationswellen ab, was gleichbedeutend ist mit einer größeren Reichweite.

Die Gravitation eins Körpers ist also nicht konstant und ist abhängig von seinem Energiezustand. Ein Körper in einem normalen Energiezustand hat eine Gravitation , die nach der Formel von Newton berechnet werden kann. Es handelt sich um eine Grundgravitation. Bei einer Änderung des Energiezustandes dieses Körpers (z.B. starke Erhöhung der Temperatur) ändert sich die Gravitation entsprechend des jeweiligen Energiezustandes . Jeder Körper verfügt also über eine **Grundgravitation** und eine **potentielle zusätzliche Gravitation** , die freigesetzt werden kann bei einer Erhöhung des Energiezustandes. Bei dieser potentiellen Gravitation handelt es sich also um eine Art **eingefrorene zusätzliche Gravitation, die freigesetzt werden kann.**

Wir wollen nun versuchen dies in einer Formel darzustellen:
Wir haben nach dem Newtonschen Gravitationsgesetz:

$$F = G \cdot \frac{m_1 \cdot m_2}{r^2}$$

Wir müssen nun diese Formel ergänzen durch Einfügen von jeweils einem variablen Faktor E 1 und E2 (Energiezustand), der jeweiligen Körper mit der Masse m1 und m2, wobei E 1 und E2   um so größer sind , je größer der jeweilige Energiezustand ist.
Die von mir entwickelte neue Formel (Gravitationsformel von Bahrami) sieht dann so aus:

$$F = G \cdot \frac{m_1\,E_1 \cdot m_2\,E_2}{r^2}$$

Die jeweiligen Werte der E 1 und E2 müßten noch durch astronomische Beobachtungen und Berechnungen ermittelt werden.   Bei normalem Energiezustand beträgt dieser Faktor jeweils 1 , wobei dann das Ergebnis gleich ist, wie bei der Anwendung der Newtonschen Formel . Bei dem Energiezustand der Galaxien müßte dieser Faktor insgesamt mindestens 10 betragen   . Dieser Faktor erreicht sein

Maximum, wenn die gesamte Masse in Energie umgewandelt wird , d.h. die gesamte Energie der Masse frei wird und somit ihre volle Wirkung entfalten kann. Das ist der Fall z.B. am „ Ende" des Universums , wenn die Expansion in Kontraktion übergeht .

Dies alles bedeutet zusammengefaßt im Klartext, **daß die Gravitation eines Körpers (außer der Abhängigkeit von der Entfernung) nicht konstant ist, d.h. nicht nur von der Masse abhängt, sondern auch mit dem <u>Energiezustand</u> des Körpers zusammenhängt , setzt sich also zusammen aus einer <u>Grundgravitation</u> und einer eingefrorene zusätzliche <u>potentielle</u> Gravitation .**

Das bedeutet auch ,daß durch Energiefreisetzung (M $\rightarrow$ E) eine **erhebliche <u>zusätzliche</u>** Gravitation freigesetzt wird . Das Maximum an Gravitation wird freigesetzt bei einer totalen Umwandlung der Masse in Energie.

Der Grund für dieses Phänomen ist, daß es sich bei den Gravitationswellen um Energiewellen handelt. Solange die Energie in Materie gebunden ist , ist die Gravitation gering, solbald aber die Energie frei wird, muß auch die Gravitation erheblich größer werden.

Ein Laie , der dieses Buch liest, kann sich dies z.B. ganz einfach anhand von dem folgenden banalen Beispiel klarmachen :
z.B. ein   stehendes Auto kann Fähigkeiten entfalten, die zunächst nicht wahrnehmbar sind, nämlich Bewegen bzw. Fahren . Diese Fähigkeiten treten erst bei einer Änderung des Energiezustandes , nämlich beim Gasgeben   in Erscheinung .

Wegen einer unfassenden Darstellung der Gravitatioinswellen und ihrer Eigenschaften und zum besseren Verständis dieser faszinierenden Phänomene wird verwiesen auf **meine wissenschaftlichen Arbeiten über die Gravitationswellen** und ferner auf **meine Bücher „Sind die Relativitätstheorien von Einstein richtig?,** meine energetische Relativitätstheorie „** und **„Revolution der Astronomie und Physik „ .**

Durch diese Theorie von mir werden einige bisher nicht lösbar erscheinende nachfolgend beschriebene Phänomene erklärbar und diese Theorie wird gleichzeitig dadurch bewiesen , z.B.

1. Wir wissen, daß die berechnete **Masse der einzelnen Galaxien** nur ca. **10 %** der Masse beträgt, die erforderlich wäre , um die Galaxie aufgrund der nach der Newtonschen Gravitationsformel berechneten Gravitationskraft zusmmenzuhalten. **Nach meiner Gravitationstheorie wird verständlich, daß diese berechnete Masse völlig ausreicht um die erforderliche zusätzliche Gravitationskraft zu liefern,** da die Galaxien sich in einem sehr hohen Ernergiezustand befinden z.B. durch die enorm hohen Temperaturen insbesondere im Kern der Galaxien, durch enorm hohen Druck, und die durch Strahlung freigesetzte Energie usw. Ohne meine Theorie würden die Sterne der Galaxien auseinanderfliegen bzw. aus der Galaxie ausbrechen.

2. Es war ebenfalls bisher unklar, **weshalb die gesamten Milliarden Sterne einer Galaxie an der Rotation der Galaxie teilnehmen. Meine Theorie macht dies**

ebenfalls verständlich und liefert die zusätzliche dafür erforderliche Gravitationskraft.

3. Auch die **äußerst schnelle Rotationsgeschwindigkeit** von ca. 250 Km/ s (wohl gemerkt nicht pro Stunde sondern pro Sekunde !!!!) , die in Relation zu der bisher berechneten Gravitationskraft einer **Galaxie** zu schnell erschien, **wird durch meine Theorie verständlich**. Diese schnelle Rotationsgeschwindigkeit ist erforderlich zur Erzeugung der sehr starken und in dieser Stärke erforderlichen starken Zentrifugalkraft , zur Kompensation der nach meiner Formel berechneten starken Gravitation der Galaxie , damit die einzelnen Sterne der Galaxie auf der Bahn gehalten werden und nicht durch die sehr starke Gravitationskraft des Zentrums der Galaxie   in das Zentrum fallen bzw. sich dem Zentrum stark nähern .

4. **Ein weiterer Beweis für meine Theorie hat die neuen Beobachtungen   des   Hubble-Teleskops   geliefert**: Einige Galaxien sind am Himmel mehrfach abgebildet, weil deren Licht durch eine davor liegende Galqaxie durchgegangen ist und diese Galaxie wie eine **Linse** gewikrt hat (sogenannten Einsteinschen Linse) . Es ist durch das Hubble-Teleskop z.B. eine Photographie gelungen , worauf eine Galaxie hierdurch 5 –fach abgebildet zu sehen ist.
   Dadurch kann nunmehr die Gravitation der als Linse gewirkten Galaxie aufgrund der berechneten Masse der Galaxie   und   der   Newtonschen   Gravitaionsformel berechnet werden. Diese Berechnung hat aber ergeben, daß diese Berechnung nur   ca. **10 %** der für diese Abbildungen erforderlichen Gravitation liefert, sodaß als eine Art Notlösung eine (nur vermutete und erst gar nicht

vorhandene) Art dunkle Materie bzw. dunkler Staub !! unterstellt wurde.

Meine Theorie löst auch dieses Problem und liefert die fehlende Gravitationskraft. Dies ist gleichzeitig ein weiterer Beweis für meine Theorie.

5. Nach den Berechnungen der Astronomen , die die gesamte **Masse des Universums** berechnet haben, liefert die gesamte Masse des Universums nur ca. **10 %** der erforderlichen Gravitationskraft , die für die Rückkehr des Universums erforderlich wäre, wenn die Newtonsche Gravitationsformel zugrundegelegt würde. **Meine Theorie liefert auch hier die scheinbar fehlende Gravitation und beweiset gleichzeitig, daß die berechnete Masse für die Rückkehr des Universums ausreichend wäre (vergl. auch mein Buch „ Das Geheimnis der Enstehung des Universums, meine DPNS-Theorie „).**

Das   Universum verfügt somit über riesige bisher unahnbare Gravitationsreserven .

Um die eingangs gestellte Frage abschließend zu beantworten:

Das Newtonsche Gravitationsgesetz ist <u>nicht</u> richtig und muß dringend wie oben dargestellt korrigiert werden .

Kapitel 13

Verfügt die Energie auch über eine Gravitation ?

Meine Entdeckung und Theorie

der Gravitation der Energie

Erweiterung des Begriffs Gravitation

Es ist erstaunlich, daß über die Gravitationswirkung der **Masse** offenbar viel nachgedacht und geschrieben worden ist , aber kaum darüber, ob auch die **Energie** über eine Gravitation verfügt .

Zum bessern Verstehen der Thematik dieses Kapitels müssen einige Feststellungen des vorigen Kapitels hier wiederholt und ergänzt werden.

Im Kapitel 12 und Im Rahmen meiner wissenschaftlichen Arbeit „Ist das Newtonsche Gravitationsgesetz richtig?" konnte ich zeigen und ausführlich dafür Beweis führen , daß das Newtonsche Gravitationsgesetz nicht mehr richtig ist und dringend gemäß meiner neuen Gravitationsformel korrigiert bzw. ersetzt werden muß (s. dort) .

Ich konnte dort zeigen und nachweisen , **daß eine Energieerhöhung** zur Entstehung von **intensiveren Schwingungen** bzw. **intensiveren elektromagnetischen Wellen** führt .

Wir wissen, daß die Gravitation sich durch Gravitationswellen ausbreitet . **Die Gravitationswellen gehören ferner zum Spektrum der Elektromagnetischen Wellen und werden kontinuierlich emittiert** (vergl. Kapitel 17 und 18) .

Wir kennen alle aus der Physik ferner das **Strahlungsgesetz des schwarzen Körpers bzw. die Hohlraumstrahlung . Danach nimmt die Intensität der Lichtes (die Energie bzw. die Leistung) zu, wenn die Temperatur erhöht wird , wobei gleichzeitig die Wellenlänge abnimmt** (z.B. bei einer Temperatur von 1500 K ist die Leistung bzw. Energie erheblich höher und die Wellenlänge kleiner als bei einer Temperatur von 1100 K) , s. Abb. 1 im Kapitel 12 .

Es ist außerdem bekannt , daß wenn wir einen Gegenstand (z.B. Eisen, Holz usw.) erhitzen, daß das Licht intensiver wird und bei einer stärkeren Erhöhung der Temperatur das aufgetretene Licht bzw. die aufgetretene Flamme mehr und mehr eine bläuliche Farbe annimmt , d.h. **bei einer**

Erhöhung der Temperatur wird das *Licht stärker* und die *Wellenlänge* wird zunehmend *kürzer* (blau) .

Wir wissen, daß dieses Gesetz gültig ist nicht nur für Licht, sondern auch für die übrigen elektromagnetischen Wellen . Also <u>muß</u> dieses Gesetz auch gültig sein für die Gravitationswellen .

Dies alles bedeutet im Klartext, daß bei einer Erhöhung der Energie bzw. bei einem höheren Energiezustand, die Intensität und somit die Energie der Gravitationswellen zunimmt , was gleichbedeutend ist mit einer Zunahme der Gravitation. Gleichzeitig nimmt auch die Wellenlänge der Gravitationswellen ab, was gleichbedeutend ist mit einer größeren Reichweite.

Die Gravitation eines Körpers ist also nicht konstant und ist abhängig von seinem Energiezustand.

Ein Körper in einem normalen Energiezustand hat eine Gravitation , die nach der Formel von Newton berechnet werden kann. Es handelt sich um eine **Grundgravitation**. Bei einer Änderung des Energiezustandes dieses Körpers (z.B. starke Erhöhung der Temperatur) ändert sich die Gravitation entsprechend des jeweiligen Energiezustandes . Jeder Körper verfügt also über eine **Grund**gravitation und eine **potentielle** zusätzliche **Gravitation** , die freigesetzt werden kann bei einer Erhöhung des Energiezustandes. **Bei dieser potentiellen Gravitation handelt es sich also um eine Art eingefrorene zusätzliche Gravitation, die freigesetzt werden kann.**

Die im Kapitel 12 dargestellte von mir entwickelte neue Formel (Gravitationsformel von Bahrami) bringt das sehr gut zum Ausdruck :

$$F = G \cdot \frac{m1\ E1 \cdot m2\ E2}{r^{2}}$$

wobei E1   und   E2 Ausdruck der   Energiezustände der jeweiligen Körper sind. Wegen der weiteren Erklärung zu dieser Formel s. Kapitel 13.

Dies alles bedeutet zusammengefaßt im Klartext, **daß die Gravitation eines Körpers   (außer   der Abhängigkeit von der Entfernung)   nicht konstant ist, d.h. nicht nur von der Masse abhängt, sondern auch mit dem Energiezustand** des Körpers zusammenhängt , setzt sich also zusammen aus einer Grundgravitation und einer **eingefrorenen zusätzlichen potentiellen Gravitation** .

Das bedeutet aber auch gleichzeitig , daß durch Energiefreisetzung eine **erhebliche zusätzliche Gravitation** freigesetzt wird . Das Maximum an Gravitation wird freigesetzt bei einer totalen Umwandlung der Masse in Energie.

Der Grund für dieses Phänomen ist, daß es sich bei den Gravitationswellen um **Energiewellen** handelt. Solange die Energie in Materie gebunden ist , ist die Gravitation relativ gering, sobald aber die Energie frei wird, muß auch die Gravitation erheblich größer werden.

Aufgrund dieser Experimente und Beweisführungen muß aber auch gleichzeitig die Schlußfolgerung gezogen werden, daß auch die Energie selbst über eine Gravitation verfügen muß , und zwar auch ohne das Vorhandensein einer festen Masse .

Eine weitere Beweisführung ist ferner gegeben durch die Äquivalenz der Masse und Energie. Da die Masse über eine Gravitation verfügt muß also auch die Energie eine Gravitation haben .

Man kann dies besser verstehen , indem man sich die Frage stellt , was aus der Gravitation einer Masse wird, die sich total in Energie umwandelt . Sie kann sich kaum in nichts auflösen .

Auch bei der Gravitationswirkung der Energie verhält es sich so, **daß die Energie (bzw. Energiewellen) einerseits durch ihre Gravitation Massen anziehen kann , andererseits aber daß sie selbst durch die Gravitationswirkung einer Masse angezogen werden kann , genauso wie bei der den** Gravitationswechselwirkungen der Masse.

Genau das ist die Ursache der beobachteten Ablenkung der Lichtstrahlen durch eine größere Masse wie z.B. die Sonne.

Es ist aber wohl so, daß **die Gravitationswirkung der Energie erheblich größer ist , als die Gravitationswirkung der Masse , d.h. z.B. daß wenn eine Masse sich total in Energie umwandeln würde, eine noch erheblich größere Gravitation entstehen würde , als diese Masse vorher besessen hatte.**

Der Grund dürfte darin liegen, daß bei einer Umwandlung der Masse in Energie die vorher quasi geschlossenen Energiewellen sich öffnen und somit eine erheblich größere Gravitation erzeugen können .

Diese wichtige Tatsache und Entdeckung daß auch die Energie über eine Gravitation verfügt , ist von beachtlicher Bedeutung ,war aber bisher leider unentdeckt geblieben . Sie wird aber zu erheblichen Konsequenzen in der Physik und

Astronomie führen und viele Phänomene erklären, die bisher unerklärbar schienen .

Durch diese Entdeckungen und Theorien wird aber auch gleichzeitig der Begriff Gravitation erheblich erweitert und ergänzt .

Wegen einer unfassenden Darstellung der Gravitationswellen und ihrer Eigenschaften und zum besseren Verständnis wird verwiesen auf Kapitel 16 , auf meine wissenschaftliche Arbeit „ **Das Geheimnis der Gravitationswellen** „ und ferner auf meine Bücher **"Das Geheimnis der Entstehung des Universums, meine DPNS-Theorie "** und **„ Die Geheimnisse der Universums"**.

Durch diese Theorie von mir werden einige bisher nicht lösbar erscheinenden und nachfolgend beschriebenen Phänomene erklärbar und diese Theorie wird gleichzeitig dadurch bewiesen , z.B.

1. Wir wissen, daß die berechnete **Masse der einzelnen Galaxien** nur ca. 10 % der Masse beträgt , die erforderlich wäre , um die Galaxie aufgrund der nach der Newtonschen Gravitationsformel berechneten Gravitationskraft zusammenzuhalten **Nach meiner Gravitationstheorie wird verständlich, daß diese berechnete Masse völlig ausreicht um die erforderliche zusätzliche Gravitationskraft zu liefern,** da die Galaxien sich in einem **sehr hohen**

Energiezustand befinden z.B. durch die enorm hohen Temperaturen insbesondere im Kern der Galaxien, durch enorm hohen Druck und durch dort freigesetzte magnetische und elektrische Energie usw.

Ohne meine Theorie würden die Sterne der Galaxien auseinander fliegen bzw. aus der Galaxie ausbrechen.

2. Es war auch bisher unklar, **weshalb die gesamten Milliarden Sterne einer Galaxie an der Rotation der Galaxie teilnehmen. Meine Theorie macht dies ebenfalls verständlich und liefert die zusätzliche dafür erforderliche Gravitationskraft.**

3. Auch die **äußerst schnelle Rotationsgeschwindigkeit der Galaxien von ca. 250 km/s** (wohl gemerkt nicht pro Stunde sondern **pro Sekunde !!!!)** , die in Relation zu der bisher berechneten Gravitationskraft einer **Galaxie** zu schnell erschien, **wird durch meine Theorie verständlich**. Diese schnelle Rotationsgeschwindigkeit ist erforderlich zur Erzeugung der sehr starken und in dieser Stärke erforderlichen Zentrifugalkraft , zur Kompensation der nach meiner Formel berechneten starken Gravitation der Galaxie , damit die einzelnen Sterne der Galaxie auf der Bahn gehalten werden und nicht durch die sehr starke Gravitationskraft des Zentrums der Galaxie in das Zentrum fallen bzw. sich dem Zentrum stark nähern .

4. **Ein weiterer Beweis für meine Theorie hat die neuesten Beobachtungen des Hubble-Teleskops geliefert**: Einige Galaxien werden am Himmel mehrfach abgebildet, weil deren Licht auf dem Wege zu uns durch eine davor liegende Galaxie durchgeht und diese Galaxie wie eine **Linse** wirkt (sogenannte Einsteinsche Linse). Es ist z.B. durch das Hubble-Teleskop eine Photographie gelungen , worauf 5 Abbildungen einer Galaxie zu sehen sind .

Dadurch kann nunmehr die Gravitation der als Linse gewirkten Galaxie aufgrund der berechneten Masse der Galaxie und der Newtonscher Gravitationsformel berechnet werden.

Diese Berechnung hat aber ergeben, daß die Newtonschen Gravitationsformel nur ca. 10 % der für diese Abbildungen erforderlichen Gravitation liefern kann , sodaß als eine Art Notlösung eine (nur vermutete und erst gar nicht vorhandene) Art dunkle Materie bzw. dunkler Staub (!!) unterstellt wurde.

Meine Theorie löst auch dieses Problem und liefert die fehlende Gravitationskraft . Sie ist ein weiterer Beweis für meine Theorie.

5. Nach den Berechnungen der Astronomen , die die gesamte **Masse des Universums** berechnet haben, liefert die gesamte Masse des Universums nur ca. 10 % der erforderlichen Gravitationskraft , die für die Rückkehr des Universums erforderlich wäre, wenn die Newtonsche Gravitationsformel zugrundelegt wird .

Meine Theorie liefert auch hier die scheinbar fehlende Gravitation und beweist gleichzeitig, daß die berechnete Masse für die Rückkehr des Universums ausreichend wäre.

Diese Phänomene bzw. Beweise , die im vorigen Kapitel 12 dargestellt worden waren, mussten hier praktisch nochmals wiederholt werden, **da sie gleichzeitig auch meine in diesem Kapitel 13 dargestellte Theorie beweisen.**

Das Universum verfügt somit über riesige bisher ungeahnte   Gravitationsreserven .

Im übrigen ist diese oben dargestellte variable Gravitation je nach dem Energiezustand   gleichzeitig ein weiterer wichtiger Faktor **bei der Regulation des ganzen Universums,** um Entgleisungen und Katastrophen zu verhindern (näheres s. mein Buch „Große Geheimnisse des Universums BD II" und ferner meine wissenschaftliche Arbeit " Regelkreise und Rückkopplungen im Universums").

Kapitel 14

Dunkle Materie

Realität oder Phantasie ?

Die berechnete gesamte Masse des Universums aufgrund der **sichtbaren Materie** reicht bekanntlich bei weitem nicht aus , um aufgrund des Newtonschen Gravitationsgesetzes rein rechnerisch die erforderliche Gravitation zur Rückkehr bzw. zur Kontraktion des Universums zu liefern. Sie beträgt nur ca. **10 %** der notwendigen Masse .

Auch die Gravitation der berechneten Masse der Galaxien reicht ebenfalls bei weitem nicht aus , um aufgrund des Gravitationsgesetzes von Newton ihre Sterne sozusagen festzuhalten .

Deswegen hat man sich überlegt , wie man dieses Problem lösen kann , und hat als eine Art Verlegenheitslösung die Existenz der sogenannten **dunklen Materie** unterstellt . Es soll sich um eine **unsichtbare** Materie handeln und würde die fehlende Gravitation liefern .

Es handelt sich somit um eine Verlegenheitslösung ,um eine rein willkürliche Bezeichnung bzw. eine willkürliche Vorstellung zwecks Lösung dieses Problems .

Im Rahmen meiner wissenschaftlichen Arbeit „ **Ist das Newtonsche Gravitationsgesetz richtig ?** „ und im Kapitel 12 konnte ich zeigen und beweisen, daß **die Gravitation nicht konstant , sondern variabel ist , und daß im Universum erhebliche zusätzliche Gravitationsreserven vorhanden sind , die die gesamte fehlende Gravitation liefern können** . Deswegen wird wegen der Einzelheiten darauf verwiesen .

Deswegen ist diese Verlegenheitslösung und diese Phantasiebezeichnung   " dunkle Materie "nicht mehr erforderlich und völlig überflüssig .

Außerdem ist das Universum keine Maschine , die etwa mit einer Explosion als treibende Kraft für die Expansion starten würde und eine ausreichende Gravitation brauchen würde, um in die Kontraktionsphase übergehen zu können .

Beim Universum handelt es sich vielmehr um ein **schwingendes System** , das immer weiter schwingt , das immer weiter Expansionen und Kontraktionen durchführt und dazu keine zusätzliche Kraft braucht , genauso wie bei einer elektromagnetische Welle (wie z.B. das Licht) , die immer weiter schwingt , sich ausbreitet , und die für die einzelnen positiven und negativen Phasen oder Halbwellen **keine Kraft von außen** braucht .

Es handelt sich vielmehr um eine typische **Eigenschaft** einer elektromagnetischen oder sonstigen Welle , immer weiter zu schwingen und die einzelnen Phasen der Welle völlig **selbständig** zu durchlaufen .

Dies alles konnte ich **in meinem Buch „ Das Geheimnis der Entstehung des Universums, meine DPNS-Theorie"** ausführlich zeigen , weswegen wegen einer ausführlicherer Darstellung an dieser Stelle darauf verwiesen wird .

Durch eine andere wissenschaftlichen Arbeit von mir „ **Urknalltheorie , Realität oder Träumerei "** konnte ich ferner darlegen , daß die sogenannte Urknalltheorie nicht richtig ist .

Im Rahmen einer weiteren wissenschaftlichen Arbeit konnte ich schließlich zeigen, wie die Galaxien ihre Sterne festhalten und daß sie deswegen keine zusätzliche Gravitation , etwa in Form der sogenannten dunklen Materie brauchen . (**vergl. meine wissenschaftliche Arbeit "Das Geheimnis der Galaxien"** und ferner **mein Buch" Große Geheimnisse des Universums Bd. I „) .**

Im übrigen, wenn es eine dunkle Materie geben würde, so hätte sie sich schon längst im Laufe der vergangenen

Jahrmilliarden durch die eigene Gravitation in zahlreichen Kondensationspunkten konzentriert ,und zur Bildung zahlreicher weiterer Sterne geführt , die durch in Gang Setzen der thermonuklearen Reaktionen angefangen hätten zu leuchten, genauso wie die anderen Sterne , die wir am Himmel sehen, entstanden sind und immer noch leuchten , und **wäre deswegen schon längst verbraucht worden** .

Das spricht ebenfalls gegen die Existenz einer geheimnisvollen dunklen Materie .

Die dunklen Materie ist also keine Realität , sondern eine reine Phantasie ,und nur Produkt einer Verlegenheitslösung. Eine dunkle Materie existiert also nicht und es besteht auch überhaupt kein Grund für die Annahme der Existenz der dunklen Materie , da sie auch keine Funktion oder Aufgaben hätte .

Kapitel 15

Schwarze Löcher,

weder Löcher, noch schwarz,

noch hornförmig ausgezogen ?

Sehen schwarze Löcher schwarz aus,

weil sie das Licht verschlucken bzw.

anhalten ?

Es gibt   märchenhafteste Erzählungen und Meinungen im Zusammenhang mit den schwarzen Löchern , die teilweise die Folge der Ableitung aus der allgemeinen Relativitätstheorie von Einstein sind .

Gibt es Wurmlöcher , durch die man zu anderen Welten kriechen kann ? oder das ist alles Unfug ? Was ist das Schicksal der schwarzen Löcher ?

Schwarze Löcher gehören zweifellos zu den faszinierendsten Erscheinungen im Universum , und deswegen haben schon viele Astronomen sich damit beschäftigt und versucht, ihre Geheimnisse zu lüften .

Es handelt sich um **Supergravitationen , die unsichtbar sind bzw. schwarz aussehen,** wie aus dem Namen hervorgeht , mit einem enorm hohen und kaum vorstellbaren Gewicht ,da die Materie sich dabei zu einer äußerst stark komprimierter Masse verdichtet hat .

Da es sich um **Supergravitationen** handelt, wird alles, was in ihrer Nähe kommt dermaßen angezogen, daß praktisch keine Flucht mehr möglich ist . Deswegen wird alles, was in ihrer Näher kommt , von Ihnen verschluckt

Wir wissen inzwischen, daß es sich bei den schwarzen Löchern entweder um **Reste der Supernova-Explosionen** handelt , oder um die **Zentren der Galaxien** .

Es hat sich die Meinung weit verbreitert ,daß die schwarze Farbe dadurch bedingt ist, daß das gesamte Licht von ihnen angezogen und verschluckt wird und kein Lichtstrahl sie verlassen kann.

Das Anhalten und Verschlucken des Lichtes mag äußerst abenteuerlich, aufregend und faszinierend sein, genauso wie die diesbezügliche Erklärung der schwarzen Farbe.

Wir wollen aber nun untersuchen , ob diese Meinung richtig ist .

Meine Theorie der Ursache der schwarzen Farbe bzw. Unsichtbarkeit der schwarzen Löcher :

Wie bereits erwähnt , hat sich bei den schwarzen Löchern die Materie zu einer äußerst stark komprimierten Masse verdichtet . Deswegen ist **kein Platz mehr vorhanden für die Atomschalen, d.h. für Elektronen .**

Wir wollen uns nun vergegenwärtigen, wann ein Objekt sichtbar wird und wie das Licht zustande kommt .

Ein Objekt wird erst sichtbar, wenn es Licht aussendet , entweder dadurch daß es selbst Licht erzeugt also **emittiert** (wie die Glühbirne , unsere Sonne oder Sterne) oder dadurch daß es darauf fallende Licht **reflektiert** (wie die meisten sichtbaren Gegenstände auf der Erde, der Mond oder die Planeten) . Sonst ist es unsichtbar bzw. schwarz .

Wir können also unsere Sonne und die Sterne sehen, weil sie Licht aktiv **emittieren**, und wir können den Mond und die Planeten sehen, weil sie das darauf fallende Sonnenlicht **reflektieren**

Das Licht kommt zustande , d.h. wird **emittiert** , durch die Quantensprünge der Elektronen , also **ausschließlich durch die Atomschalen .**

Wenn aber keine Atomschalen mehr vorhanden sind, so kann logischerweise auch kein Licht mehr erzeugt bzw. emittiert werden .

Für eine **Reflexion** des Lichtes fehlen den schwarzen Löchern ebenfalls die Elektronen bzw. Elektronenschalen , und genau deswegen ist denen weder eine Absorption noch eine Abstrahlung des Lichtes möglich und somit **auch keine Reflexion des Lichtes**   .

Die schwarzen Löcher sehen also ganz einfach deswegen schwarz aus, oder besser gesagt sie sind deswegen unsichtbar , weil sie kein Licht erzeugen bzw. aussenden können . Sie können weder Licht emittieren, noch reflektieren .

Deswegen **müssen** sie schwarz aussehen bzw. **unsichtbar** sein.

Ob nun das Licht von Ihnen auch noch angehalten wird sei dahin gestellt und ist meines Erachtens sehr fraglich . Das ist aber jedenfalls nicht die Ursache ihrer schwarzen Farbe .

Auch die Tatsache, daß sie starke Radiosignale senden (**Pulsare**) spricht gegen die Meinung , daß sie das Licht anhalten bzw. verschlucken , denn sonst müssten sie erst recht auch die Radiowellen verschlucken bzw. anhalten .

Im übrigen handelt es sich bei den „schwarzen Löchern „ **keineswegs um Löcher, sondern um eine sogar besonders feste Substanz** , wie wir oben gesehen haben .

Aber auch der Ausdruck Supergravitation   für die schwarzen Löcher ist insofern nicht ganz zutreffend da die   Gravitationsstärke   ausgerechnet im Zentrum der

schwarzen Löcher gleich 0 ist , und zwar gemäß dem Gravitationsgesetz von Newton .

Die Tatsache, daß sich im Zentrum von fast jeder Galaxie ein schwarzes Loch befindet , war bis vor wenigen Jahren unbekannt und darüber rätseln auch heute noch viele Astronomen.

Es wird vielfach laut darüber nachgedacht, wie die schwarzen Löcher dorthin gekommen sein könnten, ob zuerst die schwarzen Löcher entstanden sind und dann die Galaxien um sie drum herum und ob es ich um fremde Substanzen handelt würde .

Abgesehen davon, daß die Tatsachen , Einzelheiten und Zusammenhänge schon vorher aus meinen Theorien über die Galaxien hervorgingen , müßte selbstverständlich sein, daß ein schwarzes Loch zum normalen Baustein jeder Galaxie gehören muß (s. mein **Buch „ Grosse Geheimnisse des Universums Bd.I"** und **meine Theorien und wissenschaftlichen Arbeiten über die Galaxien) .**

In der Astronomie existieren überhaupt die märchenhaftesten Erzählungen und Meinungen über die schwarzen Löcher , die teilweise die Folge der Ableitung aus der allgemeinen Relativitätstheorie von Einstein sind , die nachweislich nicht zutreffend ist **(s. mein Buch „Sind die**

Relativitätstheorien von Einstein richtig ?, meine energetische Relativitätstheorie „) .

Es ist z.B. die Rede vom **Anhalten und Verschlucken des Lichtes** von der „ **Singularität** „ der schwarzen Löcher , oder von „**Wurmlöchern** „die sogar in ein **anderes Universum** führen würden (s. unten).

Wie bereits erwähnt , ist so z.B. die Vorstellung entstanden, daß ein schwarzes Loch bzw. der Raum um das schwarze Loch eine **hornförmige Gestalt hat** (wie ein Hörnchen beim Eis), d.h. daß es auf der einen Seite hornförmig ausgezogen ist , sodaß auf der einen Seite ein Loch und auf der anderen Seite **eine scharfe Spitze** hat.

Gegenbeweis : Dies kann übrigens aufgrund von Beobachtung bzw. aufgrund von Naturexperimenten ausgeschlossen werden:

Wenn es so wäre , so müsste die Materie der Umgebung nur von der einen Seite (logischerweise von der Lochseite) in das schwarze Loch fallen können. Die Beobachtung der näheren Umgebung der schwarzen Löcher befindet sich jedoch noch im Anfangsstadium , sodaß erst die zukünftigen Beobachtungen zeigen werden, daß logischerweise die Materie der Umgebung **nicht nur von der einen Seite,** sondern **von allen Seiten** in die schwarzen Löcher fallen .

Die Konstruktion der Hörnchengestalt ist aber lange nicht das Ende der Phantasie , sondern es ist die Rede von sogenannten **Wurmlöchern** am Ende der schwarzen Löchern, von wo man durchkriechen kann zu anderen sehr weiten Regionen des Universums und sogar **zu einem anderen Universum** .

Einer der Initiatoren dieser Theorie, ein bekannter Physik-Theoretiker , hat Gott sei Dank mittlerweile selber seine Theorie zurückgezogen, und zugegeben , daß seine Theorie nicht zutreffen würde .

Wenn eine Sache abenteuerlich , aufregend und sensationell aussieht ,bleibt so öfters die Logik auf der Strecke .

Zusammengefasst ist die Bezeichnung schwarze Löcher nicht glücklich , nicht zutreffend und außerdem irreführend .

Die Bezeichnung unsichtbare massive Materien- bzw. Massenkonzentrationen, abgekürzt UMM , die ich hiermit vorschlage, wäre zutreffender .

Über die schwarzen Löcher selbst ist in der Astronomie , wie bereits erwähnt ,sehr viel nachgedacht und geschrieben worden , aber erstaunlicherweise offensichtlich <u>äußerst wenig</u> **über das Schicksal und der weiteren**

Entwicklung der schwarzen Löcher , da im Universum nichts dauerhaft ist .

Diese Thematik und meine diesbezüglichen Theorien sind in meinem Buch „ Große Geheimnisse des Universums Bd. I „ ausführlich dargestellt , neben weiteren sehr interessanten und faszinierenden Phänomenen des Universums, weswegen an dieser Stelle darauf verwiesen wird.

Kapitel 16

Die erweiterte Relativität der Zeit

Gravierende Folgen meiner

Energetischen Relativitätstheorie

für die physikalischen Formeln

Es ist sehr erstaunlich, daß Jahrtausende lang die Zeit als eine **Konstante und absolute** Größe angesehen wurde.

Meine energetische Relativitätstheorie hat aber gezeigt, daß die Zeit keineswegs konstant, sondern sogar sehr variabel ist und durch Energie beeinflußbar ist (wegen der näheren Einzelheiten s. **mein Buch „ Sind die Relativitätstheorien von Einstein richtig ? meine energetische Relativitätstheorie"**) .

Dadurch verlieren die meisten physikalischen Formeln, die eine Zeit beinhalten, mehr oder weniger ihre Bedeutung und Gültigkeit insofern, daß sie nunmehr nicht mehr überall angewendet werden können, da die jeweiligen

Energieverhältnisse von jedem Ort berücksichtigt werden müßten .

Wenn die **jeweiligen Energieverhältnisse** eines Ortes bekannt sind , können sie sozusagen von Ort zu Ort korrigiert werden.
Hier auf unserer Erde dürfte es im allgemeinen meistens keine größeren Probleme bereiten, die Energieverhältnisse eines Ortes zu bestimmen . Deswegen kann die Zeit an verschiedenen Orten hier auf der Erde in den meisten Fällen leicht berechnet werde .

Die genaue Zeitbestimmung wird aber erheblich schwieriger, wenn die Energieverhältnisse eines Ortes nicht genau bekannt sind und sie wird unmöglich, wenn die Energieverhältnisse eines Ortes überhaupt nicht bekannt sind .

Deswegen wird die universelle Anwendbarkeit unserer physikalischen Formeln, die Zeit beinhalten , erheblich eingeschränkt bzw. sogar unmöglich .

Aber auch unabhängig von dem Faktor Zeit sind unsere physikalischen Formeln nicht überall im Universum anwendbar. Wegen der näheren Einzelheiten wird verwiesen auf **meine wissenschaftliche Arbeit „ Über den Sinn und Unsinn unserer physikalischen Formeln „ , und ferner mein Buch „ Revolution der Astronomie und Physik „.**

Kapitel 17

Die Gravitationswellen

Ist die Wellenlänge der Gravitationswellen besonders lang oder sehr kurz?

Wieso kann die Gravitation über so große Distanzen übertragen werden ?

Können die Gravitationswellen gemessen werden ?

Die Gravitationsformel von **Newton** stellte einen großen Meilenstein in der Geschichte der Astronomie dar und war zweifellos eine der größten Leistungen in der Astronomie überhaupt.

Die Leistung war so großartig und die Begeisterung so groß, daß jegliche Überlegungen über das „ Wie" bzw. über die Art der **Übertragung der Gravitation** völlig in den Hintergrund geriet, ganz abgesehen davon ,daß die damalige Zeit für eine Beantwortung dieser Frage zweifellos total überfordert gewesen wäre, da damals nicht einmal nähere Einzelheiten z.B. über das Licht bekannt waren.

Wir wissen ferner aus der Entwicklungsgeschichte und aus der Entwicklung der Technik, daß Entwicklungen und die Entdeckungen **stufenweise** vor sich gehen und **aufeinander aufbauen.**

Es waren insbesondere einige Astronomen und Physiker des 20. Jahrhunderts, die sich   ausführlich mit der Übertragung der Gravitation von einem Körper zu dem anderen   beschäftigten   und   sich   bemühten   , **Gravitationswellen** nachzuweisen.

Im Rahmen de Kapitels 18 werde ich ausführlich darstellen , **mit welchen großen gedanklichen Fehlern diese Versuche behaftet waren und sind**, **und daß der eingeschlagene Weg nicht weiter führen konnte und auch nicht weiter führen kann.**

Nachfolgend im Rahmen dieses Kapitels möchte ich jedoch zunächst näher auf die Gravitationswellen eingehen und auch meine persönliche Ansichten über die Gravitationswellen darstellen :

Eines möchte ich aber zunächst vorweg schicken :

Es ist vielfach die Meinung geäußert worden, daß die Gravitationswellen emittiert werden nur bei Änderungen des Gravitationsfeldes , also **diskontinuierlich** .

Das ist aber völlig ausgeschlossen, da die Gravitation laufend wirksam ist und für das wirksam werden der Gravitation der laufende Empfang der emittierten Gravitationswellen erforderlich ist, oder glauben Sie wirklich an Raumkrümmung ?

Im Rahmen des Kapitels 4 dieses Buches konnte ich allerdings zeigen und beweisen , daß der Raum nicht krumm ist und auch nicht krumm sein kann . Die Gravitationswellen müssen also **kontinuierlich** emittiert werden **(vergl. auch mein Buch" Sind die Relativitätstheorien von Einstein richtig?, meine energetische Relativitätstheorie"** .

Die Gravitationswellen müssen insbesondere folgende Eigenschaften haben:

1. **Sie müssen sich sehr weit ausbreiten können**

2. **Sie müssen durch die Materie durchgehen können, auch durch sehr dicke Materie, wie z.B. durch Planeten**

Schauen wir uns einmal **das Spektrum der elektromagnetischen Wellen** auf der nachfolgenden Tabelle an , wobei **die Wellenlänge von oben nach unten immer kleiner wird:**

Radiowellen
Mikrowellen
Infrarotstrahlung
Sichtbares Licht
Ultraviolettstrahlung
Röntgenstrahlung
Gammastrahlung

Es fällt ferner auf , daß bei wechselnder Wellenlänge die Eigenschaften sich total ändern können.

Z.B. UV-Strahlen haben im Gegensatz zum sichtbaren Licht **karzinogene Eigenschaften (maligne Melanome)** , Rö.-Strahlen können durch den Körper durchgehen (Rö.-Bilder), Gamma-Strahlen gehören zu den **Radioaktiven Strahlen** usw.

Bei den Gravitationswellen muß es sich um Wellen mit **extrem kleiner Wellenlänge** handeln, da wie wir oben festgestellt haben, sie sich **über sehr große Distanzen** ausbreiten können und über eine enorm **große Durchdringungskraft** verfügen müssen , d.h. durch die Materie gehen können. Es ist ferner davon auszugehen, daß sie sich einordnen lassen auf die Skala der elektromagnetischen Wellen.

Die Gravitationswellen sind deswegen nach meiner Ansicht anzusiedeln im untersten Bereich des Spektrums der elektromagnetischen Wellen, nämlich unterhalb der Gamma-Wellen .

Die Eigenschaften sind wieder ganz anders, d.h. sie übertragen die Gravitation und sind keineswegs etwa radioaktiv, genau so wenig , wie das normale Licht.

Es ist von einigen Wissenschaftlern behauptet worden, daß es sich bei den Gravitationswellen um Wellen mit besonders großer Wellenlänge handelt würde (es ist sogar die Rede von Wellenlängen von mehreren Kilometern) .

Jedoch schon durch die folgende einfache logische Überlegung läßt sich diese Behauptung widerlegen :

Wie wir wissen und wie außerdem   nachfolgend gezeigt werden wird, **entstehen Wellen durch Schwingungen** . Es ist ferner sehr logisch, daß durch die Schwingungen **kleiner** Teile ,Wellen mit **kleiner** Wellenlänge entstehen und durch die Schwingungen **großer** Teile , Wellen mit **großer** Wellenlänge entstehen .

Genau deswegen sind die Baßsaiten eines Flügels oder Klaviers erheblich länger als die Saiten, die die hohen Töne erzeugen , da die Bässe bekanntlich eine größere Wellenlänge haben . Genau deswegen sind auch die Saiten eines Cellos länger als die Saiten einer Geige , und genau deswegen klingt ein Cello tiefer als eine Geige .

Schon jedes Atom , jeder Atomkern und jedes Elektron muß auch über eine Gravitation verfügen, da sie auch über eine Masse verfügen . Deswegen müssen die Gravitationswellen in den Atomen bzw. in ihren Bestandteilen entstehen können .

Da die Atome und erst recht ihre Bestandteile äußerst klein sind, sind sie nur in der Lage Wellen mit äußerst kleiner Wellenlänge zu erzeugen und keineswegs etwa Wellen mit großer Wellenlänge .

Wir   wissen   ziemlich   viel   über   die   anderen Elektromagnetischen   Wellen,   während   wir   über   die Gravitationswellen fast gar nichts wissen.

 Z. B.   wir wissen , daß die **Radio-Wellen durch die Schwingungen der losen Elektronen** zustande kommen, die **Ultraschallwellen   durch   die   Schwingungen   der**

Kristalle, ferner daß **das Licht durch die sogenannte Quantensprünge der Elektronen der äußeren Schale der Atome** entsteht, d.h. durch Elektronensprünge zwischen der äußersten Schale und der darunter liegenden Schale, die **Rö.-Strahlen durch Quantensprünge der Elektronen der inneren Schalen der Atome** und die **Gamma-Srahlen durch Schwingungen der Kerne der Atome** (genau deswegen wird die Wellenlänge von den Radiowellen bis zu Gamma-Strahlen immer kleiner) .

Meiner Meinung nach handelt es sich bei den Gravitationswellen um Abstrahlungen der Materiewellen und kommen durch Schwingungen der Materiewellen zustande. Die Wellenlängen müssen demnach äußerst klein sein und im Bereich der Wellenlänge der Materiewellen liegen . Beim Spektrum der elektromagnetischen Wellen sind die Gravitationswellen anzusiedeln unterhalb der Gamma-Strahlen   und praktisch am äußersten unteren Ende des Spektrums , wobei es nicht verwunderlich ist, daß sie völlig andere Eigenschaften haben , als die Gamma-Strahlen, nämlich keine Radioaktivität.   Die großen Eigenschaftsänderungen sind beim Spektrum der elektromagnetische Wellen die Regel, wie oben bereits ausführlich dargestellt .

Ich   schätze also die Wellenlänge der Gravitationswellen bei einem Bereich etwa in der Größenordnung der De-Broglie-Materiewellenlänge .

Auch bei den Gravitationswellen dürfte es sich innerhalb der äußerst kleinen Wellenlänge um ein **Gemisch** von kleineren und größeren Wellenlängen handeln, je nach der Art der jeweiligen Materie (z.B. bei Fe, oder Cu od. Pb usw), ähnlich z.B. wie das Licht.

Wir haben bekanntlich **Erzeugungs- und Nachweismethoden für** die Wellen der anderen Bereiche der elektromagnetischen Skala und auch für andere Wellen (z.B. Schallwellen) , die durchaus verschiedene Arten von Geräten erfordern., da sie sich teilweise stark voneinander unterscheiden .

Z. B. die **Radiowellen erzeugen** wir durch **Radio-Sender** (bestehend aus passiven und aktiven **elektronischen Bauelementen**, wie Kondensatoren, Spulen , Röhren bzw. Transistoren) und **empfangen durch Radio-Geräte bzw. Tuner** (ebenfalls **elektronische Bauelemente**), die **Lichtstrahlen werden z. B. durch Glühbirnen erzeugt und durch unsere Augen bzw. durch lichtempfindliche Filme empfangen bzw. nachgewiesen** , die **Rö.-Strahlen werden durch Aufprall der Elektronenstrahlen** erzeugt und **durch Fluoreszenz- Schirme bzw. geeignete Filme nachgewiesen** , die **Gamma-Strahlen werden durch radioaktive Substanzen erzeugt** und **durch die Gamma-Kameras empfangen**.

In der nachfolgenden Tabelle ist dies alles nochmals zusammengefaßt und übersichtlich dargestellt:

	Erzeugung	Nachweis
Schallwellen	Musikinstrumente, Kehlkopf	Ohren ,elektronische Bauelemente
Radiowellen	Elektronische Bauelemente	Elektronische Bauelemente
Ultraschallwellen	Kristalle	Kristalle
Licht	Erhitzung , Feuer, elektr. Strom, chem. Reaktion, Kernreaktion	Augen (Stäbchen und Zapfen d. Retina) , Film
Röntgen.- Strahlen	Aufprall von Elektronenstrahlen auf Metall	Fluoreszenz- Schirm ,Film
Gamma-Strahlen	Radioaktivität	Geiger-Zähler , Compton-Camera

Bei den Gravitationswellen besteht zunächst das Problem, daß wir keine geeigneten Empfangs- bzw. Nachweisgeräte dazu besitzen . Oder ?

Wenn wir einen **Stein** von oben auf die Erde fallen lassen, so wissen wir alle, daß er **senkrecht** auf die Erde fällt . **Also der Stein muß die Gravitationswellen bzw, die Gravitationsinformation empfangen können .**

Ein fallengelassener Stein auf dem Mond , auf Jupiter oder auf anderen Himmelskörpern wird im übrigen ebenfalls **senkrecht** fallen , unabhängig davon , ob diese Himmelskörper größer oder kleiner sind als die Erde und somit über größere oder kleinere Gravitationen verfügen .

Sowohl die Pflanzen, als auch die Tiere und erst recht die Menschen sind wohl in der Lage die Gravitation zu empfangen bzw. zu fühlen.

Es ist bekannt , daß die Pflanzen durchaus unterscheiden können, wo oben und wo unten ist . Z. B. die Pflanzen wurzeln immer nach unten , aber der Stiel bzw. die Pflanze selbst wächst immer nach oben. Man könnte meinen, die Orientierung bzw. das Fähigkeit zwischen oben und unten zu unterscheiden würde durch das Licht verursacht . Es ist jedoch aufgrund von Versuchen nachgewiesen worden, daß die Pflanzen auch bei völliger Dunkelheit dazu in der Lage sind und zwar beim Keimen des Samens .

Die Pflanzen müssen also unterscheiden können , in welcher Richtung die **Schwerkraft** der Erde und somit in welcher Richtung die Gravitation der Erde verläuft

Auch die Tiere und erst recht der Mensch können sehr gut unterscheiden , wo, oben und wo unten ist, und zwar bei allen Körperpositionen und bei völliger Dunkelheit .

Auch solche Versuche sind selbstverständlich mehrfach durchgeführt worden.

Die Menschen und die höheren Tiere haben in ihrem **Innenohr** Rezeptoren in Form von winzigen kleinen kalkhaltigen Körnern (**Statolithen**) die durch die Gravitation der Erde angezogen werden und diese Signale an die darunter liegenden Haarzellen weiter übertragen, die die Signale ihrerseits durch den N. Statoakusticus an das Gehirn weiter leiten und so dafür sorgen, daß die Gravitation der Erde und ihre Richtung gespürt werden kann .

Wir haben ferner Rezeptoren in unserem gesamten Körper, die durchaus in der Lage sind festzustellen , in welcher Richtung die Gravitation verläuft und wie stark sie ist . Wir kennen alle das **Schweregefühl** .

wir wissen ferner aus der Raumfahrt, daß bei der Schwerelosigkeit die Muskulatur und die Knochen atrophisch werden. Deswegen können die Astronauten , die längere Zeit im Weltraum waren, nach ihrer Rückkehr am Anfang kaum gehen.

Auch diese **Rezeptoren** müssen die Gravitationswellen empfangen können .

Zusammengefaßt   wir Menschen, die Tiere und die Pflanzen sind wohl in der Lage die Gravitation und ihre Richtung zu empfangen und wahrzunehmen .

Die Evolution hat somit zumindest die höheren Lebewesen mit Empfangseinrichtungen   zum Empfang und Wahrnehmung der Gravitationswellen ausgestattet und laufend perfektioniert .

Die Tatsache, daß die Evolution auf der Erde bisher seit ca. 4 Milliarden Jahren im Gang ist und somit so lange Zeit hatte, dies zu perfektionieren, zeigt, daß bessere Empfangsmöglichkeiten   für   die   Gravitationswellen schwer zu entwickeln sind .

Wie wir oben festgestellt haben, ist aber überhaupt jede Materie in der Lage die Gravitation zu empfangen .

Die Haupteigenschaft der Gravitationswellen ist   eben die Schwerkraft, die sie übertragen, **genau so wie die Haupteigenschaft der Lichtwellen das Licht ist.**

Die Natur hat zum Empfang der Lichtwellen das Auge entwickelt und immer weiter perfektioniert , und dazu die Haupteigenschaft der Lichtwellen , nämlich das Licht bzw. die Helligkeit benutzt.

Die Haupteigenschaft der Gravitationswellen ist , wie bereits erwähnt ,die Schwerkraft , und dies hat die Natur , wie oben dargestellt, ebenfalls bestens zur Wahrnehmung der Gravitationswellen benutzt und perfektioniert.

Deswegen müssen wir , wenn wir geeignete Geräte zum Empfang   der Gravitationswellen   entwickeln wollen, logischerweise   die Haupteigenschaft dieser Wellen, nämlich die Schwerkraft   zu deren Nachwies und Messung benutzen. Dazu haben wir bekanntlich   bereits geeignete Geräte, nämlich die **Waage**.

Es wäre interessant , in dieser Richtung zu forschen und versuchen z. B : erheblich präzisere Waagen zu entwickeln , um z.B. **Gravitationsschwankungen** festzustellen bzw. nachzuweisen .

Wenn wir aber noch einen Schritt weiter gehen und auch genau feststellen wollen , wie sie   z.B. aussehen und möchten ihre Wellenlängen feststellen und messen , **müssen wir   z.B.   mit verschiedenen Geräten Messungen durchführen an verschiedenen Orten , an denen zu erwarten ist, daß dieselben Wellen verschiedene Intensitäten haben (wie z.B. helles und dunkles Licht)** , da wir noch nicht genau wissen wie sie aussehen .

Kapitel 18

Folgen eines weiteren tragischen Irrtums in der Astronomie

Durch das Verkennen

des Wesens der Gravitationswellen

Nachfolgend möchte ich ausführlich auf einen weiteren tragischen Irrtum in der Astronomie hinweisen und anhand dieses Beispiels zeigen und darauf aufmerksam machen, **wohin so ein Irrtum führen und welche enorme Kosten er verursachen kann** , wobei ich nochmals darauf hinweisen möchte, daß solche Irrtümer keineswegs Raritäten sind .

Keiner würde wahrscheinlich auf die absurde Idee kommen, bei vollem Sonnenschein Sterne am Himmel zu suchen oder versuchen sie zu

beobachten . Der Grund brauchte
wahrscheinlich nicht einmal erwähnt zu werden.

Trotzdem muß ich den Grund hier erwähnen , da dies für das
Verständnis des nachfolgend dargestellten wichtig ist. **Der
Grund liegt selbstverständlich darin, daß das helle
Sonnenlicht das schwache Licht der Sterne
überstrahlt, so daß die Sterne nicht sichtbar sind.**

**Dieses Prinzip ist trotzdem von einigen Astronomen
mißachtet worden** und hat Anlaß gegeben zu einem
gravierenden Irrtum , nämlich im Zusammenhang mit der
Forschung der Gravitationswellen und den Versuchen sie
nachzuweisen.

**Es ist bekanntlich von einigen Astronomen wiederholt
versucht worden Gravitationswellen der weit entfernten
Himmelsobjekte hier auf der Erde zu empfangen bzw.
nachzuweisen, teilweise unter massiven
Geldinvestitionen und Aufbau von sehr teuren
Anlagen.**

**Es sind z.B. sogenannte Gravitationswellen-Detektoren
bzw. Interferometer aufgebaut und sogar Tunnel von
mehreren Kilometern Länge** gebaut worden .

**Alle diese Versuche waren erfolglos , wie aus den
oben dargestellten Gründen vorher zu erwarten
war.**

Wir wollen nun weiterdenken und uns die Frage stellen, **ob es möglich ist auf unserem Rundfunkgerät einen schwachen Sender zu empfangen, der mit der gleichen Frequenz oder ungefähr mit der gleichen Frequenz sendet, wie ein starker Sender . Die Antwort lautet selbstverständlich nein .**

Auch dieser Sachverhalt kann selbstverständlich übertragen werden auf die Gravitationswellen .

Wir wollen einmal die Sachen bzw. die Sachlage logisch betrachten: **Es ist völlig klar, daß die stärksten Gravitationswellen , die wir hier auf der Erde empfangen und nachweisen könnten, die Gravitationswellen der Erde selbst bzw. der Sonne sein müssen** , die die Erde auf ihrer Bahn um die Sonne sozusagen festhalten .

Diese Gravitationswellen sind so stark, daß so ein massiver Körper wie die Erde auf ihrer Bahn um die Sonne festgehalten , und die massive Zentrifugalkraft kompensiert wird .

Jegliche andere Gravitationswellen etwa der anderen Himmelskörper , die uns hier auf der Erde erreichen würden, wären im Vergleich dazu so unverhältnismäßig schwach, daß sie nicht nachweisbar wären (eine kleine Ausnahme bildet hier nur der Mond , deren Gravitationswellen allerdings ebenfalls erheblich schwächer wären).

Wären die Gravitationswellen dieser Himmelskörper stark, so hätten sie z.B. Einfluß auf die Bahn der Erde, auch wenn dies schwach wäre. Wir wissen aber hundertprozentig , daß solche Bahnabweichungen nicht vorhanden sind , auch nicht etwa bei Supernova-Ausbrüchen in astronomisch relativer Nähe von uns.

Die Relation der Stärke der Gravitationswellen der Erde bzw. der Gravitationswellen der Sonne, die hier auf der Erde ankommen einerseits ,und der Gravitationswellen der anderen weiteren Himmelsobjekte andererseits zueinander, ist genau so wie die Relation der Stärke des Sonnenlichtes zu dem Licht der Sterne.

Was im Lichtbereich der Sonnenschein am Tag ist , sind im Bereich der Gravitationswellen praktisch die Gravitationswellen der Erde bzw. der Sonne, die hier auf der Erde ankommen . Wir haben also, was die Gravitationswellen anbetrifft ununterbrochen Tag und praktisch vollen Sonnenschein auf der Erde und dies immer und ununterbrochen über die Jahre hinweg.

Der Versuch , Gravitationswellen der weiten Himmelskörper hier auf der Erde zu empfangen bzw. nachzuweisen, ist also genau so absurd und zwecklos ,wie der Versuch bei strahlendem Sonnenschein Sterne am Himmel zu suchen.

Trotzdem ist diese Tatsache bzw. diese Situation völlig übersehen worden bzw. nicht bedacht worden.

Das verhängnisvollste ist , daß diese Versuche im Laufe des 20. Jahrhunderts immer wieder von verschiedenen Astronomen wiederholt worden sind, sehr viel gekostet haben , zu großen Enttäuschungen geführt haben und

vor allem die Astronomie in falscher Richtung geführt und zurückgeworfen haben , und daß dieser große Irrtum bisher von keinem entdeckt worden war.

Eine weiterer Fehler, der unterlaufen worden ist, ist die Tatsache , daß vielfach nach sehr großen Wellenlängen gesucht worden und völlig übersehen worden ist, daß die Wellenlänge der Gravitationswellen nur sehr klein sein muß , wie bereits im Kapitel 11 ausführlich dargestellt wurde .

Es dürfte sicherlich jedem einleuchtend sein , daß die Geräte und Einrichtungen zum Messen der Wellen mit sehr großen Wellenlängen meist überhaupt nicht geeignet sind zum Nachweis bzw. Messen der Wellen mit sehr kleinen Wellenlängen. Z.B. mit einem Radiotuner kann man zwar Radiowellen (z.B. verschiedene Rundfunksender) gut empfangen aber keineswegs Lichtsignale usw.

Im Kapitel 17 haben wir uns ausführlich mit den Gravitationswellen und Ihren Eigenschaften befasst. Im Rahmen dieses Kapitels möchte ich einige weitere Aspekte hinzufügen .

Ergänzend verweise ich auf   **meine wissenschaftliche Arbeit "Elektromagnetische Wellen und ihre Rolle im Universum " .**

Die Gravitationswellen haben die Eigenschaft der Übertragung der Gravitation.

Wir haben bereits gesehen, sie lassen sich einordnen im untersten Bereich des Spektrums der elektromagnetischen Wellen.

Wir haben bekanntlich Nachweismethoden für die Wellen der anderen Bereiche des elektromagnetischen Spektrums . Z.B. die Radiowellen empfangen wir durch Radio-Geräte bzw. Tuner , die Lichtstrahlen durch unsere Augen bzw. durch lichtempfindliche Filme, die Rö.-Strahlen durch Fluoreszenz-Schirme bzw. geeignete Filme , die Gamma-Strahlen durch Compton-Kameras bzw. -Teleskope .

Bei den Gravitationswellen besteht zunächst das Problem, daß wir außer Waagen keine geeigneten Empfangsgeräte dazu besitzen , und selbst sie sind noch nicht ausreichend für diesen Zweck entwickelt . Deswegen müssen wir zunächst geeignete Geräte entwickeln.

Da wir außerdem noch nicht genau wissen wie sie aussehen, müssen wir vergleichende Messungen durchführen , d.h. wir müssen mit verschiedenen Geräten Messungen durchführen an verschiedenen Orten , an denen zu erwarten ist, daß dieselben Wellen verschiedene Intensitäten haben (wie z.B. helles und dunkles Licht) und sie miteinander vergleichen.

Hier auf der Erde wäre z. Zeit theoretisch nur möglich Gravitationswellen der Erde und der Sonne (und evt. des Mondes) nachzuweisen , da sie ganz erheblich stärker sind , als alle andere Gravitationswellen , die hier ankommen , und somit vorherrschend. Es müßten Messungen   durchgeführt werden auf der Erde   z.B. auf einem hohen Berg und im Tal , im Weltraum , z.B. in Satelliten verschiedener Entfernungen, und in Sonden , die zu anderen Planeten geschickt werden, um verschiedene Intensitäten messen und zusammen vergleichen zu können.

Zum Schluß möchte ich zum Ausdruck bringen, daß keineswegs der Sinn dieser Ausführungen ist, etwa einzelne Astronomen zu tadeln , sondern der Sinn ist, zu verhindern , daß die Astronomie über lange Jahre hinweg Ideen verfolgt , die absurd erscheinen, und daß sie stur in nur einer Richtung weitergeht, die wenig erfolgversprechend ist, ferner der Sinn dieser Feststellungen ist , neue Wege aufzuzeichnen und zu veranlassen, über diese Sachen nachzudenken, nur im Interesse der Astronomie und deren Fortschritt.

Kapitel 19

Meine Theorie des Lichtes

und der anderen

elektromagnetischen Wellen

dadurch

Lösung des Problems

Welle-Teilchen-Dualismus

Dualismus des Lichtes und der anderen elektromagnetischen Wellen :

Das Licht hat **Welleneigenschaften** aber **gleichzeitig auch materielle Eigenschaften** : Es zeigt das Interferenzphänomen und Beugungserscheinungen (was für Wellen typisch ist) , aber gleichzeitig auch den photoelektrischen Effekt (was auf materielle Eigenschaften und auf Quantelung hinweist) . Es hat **also 2 Eigenschaften, die eigentlich miteinander nicht vereinbar sind.**

Das ist aber noch nicht alles . Es kommt ein **weiteres paradoxes Phänomen** hinzu, nämlich das **Geschwindigkeitsproblem der Photonen** . Das Licht verbreitert sich mit einer Geschwindigkeit von 300 000 km/s. Nach Einstein kann jedoch kein materielles Teilchen sich mit der Lichtgeschwindigkeit von 300 000 km/s bewegen. Photonen müßten sich aber trotzdem anscheinend mit Lichtgeschwindigkeit fortpflanzen, obwohl sie korpuskulär, also materiell sind . **Dies scheint aber absurd zu sein.**

Diesen Widerspruch versuchte man bisher so zu lösen, daß man annahm, daß die Photonen zeitlos wären, was ,jedoch m.E. ebenfalls absolut **absurd** erscheint.

Es handelt sich somit um eine Art Verlegenheitslösung , die meistens benutzt wird, wenn man ein Problem nicht lösen kann .

Man hat also bisher versucht die Sache salomonisch zu lösen , indem man bisher angenommen hat , daß es sich beim Licht um winzige Teilchen (Photonen) handelt, die sich in Form der elektromagnetischen Wellen mit der Lichtgeschwindigkeit vom 300 000 km/s ausbreiten .

Dies ist jedoch m.E. ebenfalls völlig absurd und ausgeschlossen .

Im übrigen besteht das Phänomen Dualismus auch bei den anderen elektromagnetische Wellen.

Das Problem Dualismus des Lichtes und der anderen elektromagnetischen Wellen schien bisher unlösbar, und die bisherige Theorie des Lichtes war somit eine Notlösung.

Meine Theorie des Lichtes und der elektromagnetischen Wellen:

Der Lichteffekt, d.h. die Entstehung der Lichterscheinung bzw. das Auftreten der Photonen und auch die Wärmewirkung des Lichtes entstehen erst **beim Auftreffen der Lichtwellen auf eine Fläche .** Die Lichtwellen sind selbst dunkel und werden erst zu Licht und somit sichtbar beim Auftreffen auf eine Fläche. **Auch die Quantelung** des Lichtes entsteht erst beim Auftreffen des Lichtes auf eine Fläche , und ist bei den Lichtwellen nur angedeutet als sogenannte Knoten und Bäuche der Wellen.

Genau so ist es auch mit den anderen elektromagnetischen Wellen : bei Rö.- und Gamma-Strahlen , entstehen die Wirkungen erst beim Auftreffen auf die tiefer liegenden Flächen bzw. Schichten .

Bei den Radiowellen (LW, ML , KW ,UKW , VHF, UHF) entstehen die Wirkungen beim Auftreffen auf eine metallische Fläche (z,B, Antenne) . Deswegen brauchen

wir für den Empfang der elektromagnetischen Wellen dieses Frequenzbereichs eine Antenne (Metall) und nicht etwa einen Holzstab.

Wenn z.B. ein Rundfunk- oder Fernsehsender eine Musiksendung emittiert , so werden bekanntlich nicht gleich auch die Geiger mit auf den Weg geschickt, **sondern die elektromagnetischen Wellen werden mit der Musikinformation moduliert .**

Diese Information wird dann in unseren Rundfunk- oder Fernsehgeräten wieder demoduliert , d.h. die **Information** Musik wird dadurch wieder in Musik umgewandelt und so hörbar gemacht . Die Wellen übertragen also auch hier nur die **Information** bzw. das **Signal** ,das beim Empfang wieder umgewandelt wird .

Das Licht und auch die anderen elektromagnetischen Wellen übertragen somit nur die Information und die Potenz , d.h. die Fähigkeit , und erst beim Auftreffen der Wellen auf eine Fläche entsteht der Effekt , d.h. z.B. das Licht (dabei wird die Geschwindigkeit von 300 000 km/s plötzlich auf 0 abgebremst) .

Z.B. die jeweilige Farbe des Lichtes ist als Information gespeichert und gegeben durch die jeweilige Frequenz der Lichtwellen (vergleichbar etwa mit der Frequenzmodulation der UKW-Wellen eines Senders , als Speicherungsmodus etwa bei der Musikinformation) .

Diese Theorie wird **bewiesen** u.a. durch folgende Beobachtungen und Phänomene, die gleichzeitig erst durch diese Theorie erklärbar werden :

1. **Die Sonne scheint bekanntlich ununterbrochen, d.h. Tag und Nacht** . Die Entstehung der Nacht auf der Erde hat bekanntlich ihre Ursache darin, daß die Erde sich dreht und bei Nacht wir uns auf der von der Sonne abgewandten Seite der Erde , d.h. auf der Schattenseite befinden.

    So weit, so gut. **Beim näheren Überlegen taucht aber die Frage auf, weshalb wir das Sonnenlicht nachts trotzdem oben am Himmel nicht sehen können, obwohl die Sonne auch nachts weiter scheint und die Sonnenstrahlen in größeren Höhen auch nachts an der Erde vorbei ziehen und sich im Weltraum weiter fortsetzen und ausbreiten** (s. Abb. 1) :

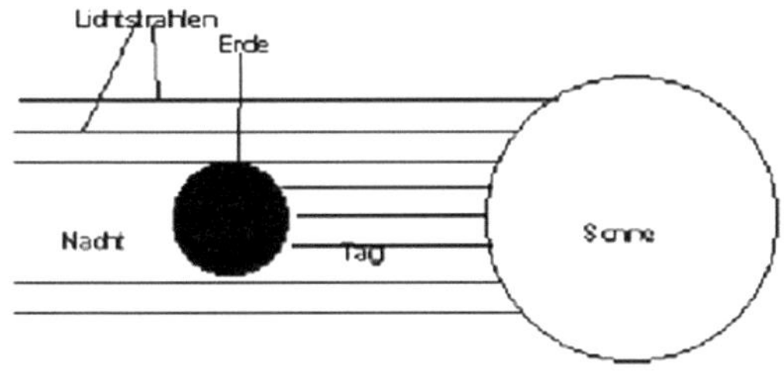

Abb. 1 (schematisiert)

Wir befinden uns nachts zwar auf der Schattenseite des Sonnenlichtes , das Sonnenlicht geht jedoch an der Erde vorbei , da die relativ kleine Erde nicht die ganze Sonne abdunkeln kann .

Dieses Phänomen kann man zwar so erklären, daß das Licht sich geradlinig ausbreitet und erst gesehen wird, wenn der Lichtstrahl ins Auge geht. Das ist aber eine Notlösung und ein halbherziger Erklärungsversuch.

Wenn eine Lichterscheinung bzw. eine leuchtende Sache an einem vorbeigeht, muß sie trotzdem als Lichterscheinung wahrgenommen werden können . **Das ist aber beim Licht nicht der Fall.**

Wir können nachts das Sonnenlicht nur indirekt und sehr schwach sehen , z.B. wenn das Sonnenlicht auf den Mond oder auf die Planeten trifft , die dann leuchten bzw. das Licht reflektieren und somit sichtbar werden lassen, d.h. wir können nachts das Sonnenlicht nur sehen, wenn es auf eine Fläche auftrifft.

Die Konsequenz dieser Bobachtung ist : Die Lichtwellen sind selber dunkel bzw. schwarz und somit nicht sichtbar. Deswegen können wir das an uns vorbei gehende Licht der Sonne nachts am Himmel nicht sehen . Erst beim Auftreffen der Lichtwellen auf einer Fläche bzw. auf unsere Augen entsteht das eigentliche Licht bzw. erst dann entstehen die Photonen . Die bedeutet, daß das eigentliche Licht erst sichtbar wird, beim Auftreffen auf einer Fläche .

Also nicht die Lichtteilchen bzw. die Photonen werden zusammen mit den Lichtwellen mit der Lichtgeschwindigkeit von 300 000 km/ s übertragen, eine Sache , die physikalisch ausgeschlossen ist und trotzdem bisher als eine Art Notlösung angenommen wurde, sondern **nur die Information und die Potenz.** Erst beim Auftreffen der Lichtwellen auf eine Fläche entsteht der eigentliche Effekt, d.h. das eigentliche Licht bzw. das , was wir ‚als Licht bezeichnen .

2. **Wir wissen aufgrund der Raumfahrt, daß der Raum zwischen der strahlenden Sonne und der Erde ganz dunkel und tief schwarz ist** , obwohl dieser Raum ständig von den Lichtstrahlen der Sonne überquert und überflutet wird . Nur dort, wo diese Strahlen auf eine Fläche auftreffen , ist hell .

Wenn mit den Lichtstrahlen Photonen übertragen würden, so wäre dieses Phänomen nicht erklärbar und der ganze Raum zwischen der Sonne und der Erde müßte hell sein und nicht nur da , wo ein Gegenstand sich befindet .

Also auch die Konsequenz dieser Bobachtung ist, daß die Lichtwellen bzw. die Lichtstrahlen selber dunkel bzw. schwarz und somit nicht sichtbar sind. Wenn Photonen transportiert würden, so müßten sie unterwegs leuchten und zumindest Leuchtspuren hinterlassen .

Dies bedeutet also auch daß das eigentliche Licht erst beim Auftreffen auf eine Fläche sichtbar wird.

3. **Das Universum ist ganz dunkel und tief schwarz ,**
obwohl das ganze Universum mit Lichtstrahlen der
Milliarden von Sternen und Galaxien praktisch gefüllt
ist , die das ganze Universum kreuz und quer
durchlaufen, und zwar seit Milliarden Jahren.

Wenn fertige Photonen transportiert würden, so
müßten diese Photonen im Universum leuchten bzw.
Leuchtspuren hinterlassen.

**Viele Astronomen haben sich über dieses
Phänomen gewundert und meinten, daß das
Universum an sich hell sein müßte.**

**Durch meine Theorie wird auch diese
Beobachtung erklärbar und verständlich, da die
Lichtwellen selbst dunkel sind.**

4. Wir wissen alle. daß beim Ansehen der Sonne , **die
für uns sichtbaren Sonnenstrahlen sich nicht
nur in unserer Richtung ausbreiten, sondern
nach allen Richtungen, also auch seitlich .** Dies ist
mit unserer bisherigen Physik nicht vereinbar ,da wir
gemäß unserer herkömmlichen bisherigen
Vorstellung des Lichtphänomens nur Strahlen sehen
könnten, die in unsere Augen gehen . Die
Lichtstrahlen der Sonne , die sich seitlich ausbreiten ,
gehen aber nicht in unsere Augen und müßten
deswegen eigentlich für uns gar nicht sichtbar sein .

Sie werden vielleicht einwenden und sagen , die seitlich gehende Strahlen werden in der unmittelbaren Umgebung der Sonne an den dort vorhandenen Teilchen gestreut , ähnlich wie das Sonnenlicht in unserer Atmosphäre gestreut wird, und deswegen werden sie sichtbar . Dieses Argument kann aber sofort widerlegt werden, da bei einer Streuung das Licht nach allen Seiten diffus gestreut wird (wie schon das Wort Streuung zum Ausdruck bringt) und deswegen könnte es zwar als diffuses Licht sichtbar werden, aber keineswegs **als geordnete Strahlen** , die zudem, wie wir vom Ansehen der Sonne kennen, alle von dem Zentrum in Richtung Peripherie verlaufen .

Durch meine Theorie wird auch dieses Phänomen erklärbar, da der Lichteffekt der Sonnenstrahlen erst durch den Aufprall der dunklen Lichtwellen auf die vielen Teilchen in der Umgebung der Sonne entlang der Ausbreitungsrichtung der Wellen entsteht und wird somit sichtbar als einzelne Strahlen bzw. Linien, die sich nach allen Seiten ausbreiten .

5. **Die Elektromagnetischen Wellen können Milliarden von Jahren ohne größeren Energieverlust existieren und sich immer weiter ausbreiten** (z.B. so erreichen uns die Lichtwellen der Sterne, die Milliarden Lichtjahre von uns entfernt sind). Deswegen muß es sich um äußerst stabile Wellen handeln , ohne größeren Energieverlust.

Machen wir uns nichts vor. Es wäre völlig absurd und völlig unvorstellbar, daß Photonen Milliarden Jahre unterwegs sein und somit Milliarden Jahre im Universum immer weiter leuchten könnten , ohne verbraucht zu werden , und beim Eintreffen bei uns auf der Erde immer noch in der Lage zu leuchten .

Somit ist die bisherige Vorstellung des Lichtphänomens völlig unlogisch und bei näherer Überlegung nicht haltbar.

Wir wissen, daß durch das Licht (genauer gesagt durch die infraroten Strahlen) auch Wärme übertragen wird .

Sie haben sich sicherlich schon mal darüber Gedanken gemacht, weshalb die Sonnenstrahlen, die hier auf der Erde ankommen, warm sind , während das Universum und speziell der Raum z.B. zwischen der Sonne und Erde so kalt ist . Dort herrschen nämlich Temperaturen nahe dem absoluten Nullpunkt **(-273 Grad C) , obwohl die Sonnenstrahlen dort seit ca. 4,6 Milliarden Jahren ständig unterwegs sind.**

Weshalb geht die Wärme des Sonnenlichtes unterwegs nicht verloren?

Das einfache Beispiel des Warmwasserrohres mag helfen , sich dieses Phänomen besser klar zu machen. Wenn z.B. Warmwasser in einem Rohr fließt, so wird bekanntlich das Rohr schon nach kurzer Zeit warm .

Weshalb ist aber der Raum zwischen der Sonne und der Erde so kalt und ist sogar nach ca. 4,6 Milliarden Jahren Bestrahlung durch die Sonne immer noch nicht warm?

Dieselben Strahlen , die anscheinend nicht in der Lage sind , ihre Bahnen zu erwärmen, sind sehr wohl in der Lage z.B. die Erde aufzuwärmen und sogar die Temperatur der Mondoberfläche um 250 Grad C. zu ändern , nämlich von −130 Grad (nachts) bis auf +120 Grad am Tag .

Sie können hier natürlich einwenden und sagen, daß der Übertragungsmechanismus der Wärme bei dem Beispiel Rohr anders ist, nämlich durch **Konvektion** , während die Wärmewirkung der Strahlen erst durch eine **Absorption** durch Materie zustande kommt ,und da im Weltraum keine Materie vorhanden ist , kann deswegen dort die Wärmewirkung der Strahlen nicht zustande kommen .

Mit dieser Behauptung sind Sie jedoch bereits mir bei der Anerkennung meiner Theorie einen Schritt entgegen gekommen , weil Sie gleichzeitig damit anerkannt haben, daß zum Zustandekommen der Wärmewirkung der Lichtstrahlen die Materie bzw. eine Wechselwirkung mit der Materie erforderlich ist . Jetzt müßten Sie aber erklären, weshalb das nur bei dem infraroten Anteil des Lichtes erforderlich ist, aber beim unmittelbar daran angrenzenden sichtbaren Licht nicht erforderlich sein soll.

Auch dieses Problem wird durch meine Theorie gelöst, da nicht das Licht selber und auch nicht die Wärme selber übertragen werden und sich so lange im Weltraum halten müssen , sondern nur die Information und die Potenz .

Deswegen geht auch weder die Wärme , noch das Licht unterwegs verloren .

Die Problematik bei der **Wärmeübertragung , nämlich die Tatsache, daß der Wärme-Effekt des Lichtes erst an Ort und Stelle beim Aufprall auf Materie durch Absorption und Wechselwirkungen mit der Materie entstehen muß, da sonst die Wärme unterwegs verloren gehen würde , hat man frühzeitig erkannt (** obwohl auch die Wärmeenergie gequantelt ist) , während man bei der Lösung des Problems der Lichtübertragung andere Wege gegangen , an der klassischen Photonenentstehung durch Quantensprünge hängen geblieben ist , in einer **Sackgasse** gelandet ist, und deswegen annehmen mußte , daß Photonen , obwohl sie materiell sind , sich trotzdem mit der Lichtgeschwindigkeit bewegen würden , was völlig absurd ist . Zugegeben , die Verhältnisse und Wechselwirkungen sind beim Licht komplizierter als bei der Wärme .

6. **Die elektromagnetische Wellen werden bekanntlich um so energiereicher, je kleiner die Wellenlänge wird,** deswegen nimmt bei kleiner werdenden Wellenlänge u.a. auch die Fähigkeit der

Wellen zu, tiefer in die Materie einzudringen bzw. durch die Materie hindurch zu gehen .

Schon die Radiowellen können teilweise durch die normale Materie durchgehen . **Deswegen müßten bei konsequenter Anwendung dieser Tatsache, erst recht die Lichtwellen , die eine erheblich kleinere Wellenlänge und somit eine erheblich größere Energie haben als die Radiowellen, durch die Materie hindurch gehen können . Wir wissen jedoch, daß genau das Gegenteil der Fall ist .** Wenn wir uns z.B. vor einen Gegenstand stellen , so wird der Gegenstand bekanntlich für jemanden, der hinter uns steht, unsichtbar.

Auch dieses , sonst nicht erklärbare Phänomen wird durch meine Theorie erklärbar:

Wie oben bereits erklärt, entfalten die Lichtwellen ihre Wirkung beim Auftreffen auf eine Fläche , dies bedeutet gleichzeitig, daß die Energie der Lichtwellen schon beim Auftreffen auf die Oberfläche verbraucht wird , so daß keine Energie mehr vorhanden ist, die tiefer eindringen könnte . Diese Tatsache ist gleichzeitig auch ein weiterer Beweis für diese Theorie.

7. **Durch diese Theorie wird auch erklärbar, weshalb die UV-Strahlen Haut-Carcinome (maligne Melanome) erzeugen können , völlig im Gegensatz zu dem sichtbaren Licht.**

Der Grund liegt darin , daß die UV-Strahlen eine noch kleinere Wellenlänge haben , als die Lichtwellen des sichtbaren Lichtbereichs, und somit energiereicher sind , und deswegen teilweise auch *etwas* tiefer in die Haut eindringen können. Sie erzeugen aber niemals Carcinome der inneren Organe, da sie ihre volle Wirkung, genau so wie beim sichtbaren Licht , an der Oberfläche entfalten und somit ihre Energie an der Oberfläche völlig verbraucht wird.

Das ist ebenfalls gleichzeitig auch ein weiterer Beweis für diese Theorie .

8. Diese Theorie kann man sich auch klar machen, durch das **Verhalten der Mikrowellen** . Z.B. bei einem Mikrowellenherd sind die Mikrowellen selbst kalt, so daß z.B. die Wände des Ofens nicht heiß werden. Nur das Kochobjekt wird erhitzt (weil durch die Mikrowellen die Wassermoleküle in starken Schwingungen versetzt werden , die Hitze erzeugen).

Auch hier wird also nicht die eigentliche Wärme übertragen, sondern nur die Potenz . Der **Effekt** entsteht im Objekt selber.

Die näheren Einzelheiten dieses Beispiels sind zwar anders, dieses Beispiel wurde aber trotzdem gewählt, da es sehr lebensnah ist und deswegen gut hilft , sich die Sache besser vorstellen zu können .

9. **Im übrigen scheint die Natur gerne mit Speicherungen der Informationen und Potenz zu arbeiten** , so daß solche Phänomene in der Natur sehr verbreitert sind und keineswegs Ausnahmeerscheinungen darstellen . Z.B. die ganze Vererbung funktioniert auf diese Art und Weise durch **Gene**, die die gesamten Baupläne und Eigenschaften enthalten und in die Tat umsetzen können, d.h. sie enthalten die **Informationen und die Potenz** .

Im übrigen sind elektrische und magnetische Felder sozusagen ein Gespann, sie beeinflussen sich , bedingen sich , und erzeugen sich gegenseitig. Durch das Zusammenspiel dieser beiden Felder entsteht eine Art **Resonanzzustand** . U.a. deswegen sind die Elektromagnetischen Wellen so stabil und können sich so über Milliarden Jahre hinweg halten und immer weiter schwingen , ganz im Gegensatz z.B. zu einigen anderen Wellen, wie z.B. Schallwellen oder Wasserwellen , die instabil sind und sich nur sehr kurze Zeit halten können, da sie nur Bewegungen der Atome oder Moleküle sind und keine elektrischen oder magnetischen Felder besitzen.

Das Licht- und die anderen Elektromagnetische Wellen sind Boten und Kommunikationsmittel des Universums. Sie laufen kreuz und quer durch das Universum, können es teilweise sogar überqueren , verbinden das ganze Universum und übertragen Informationen (wegen der näheren Einzelheiten s **.mein Buch „Große Geheimnisse des Universums Bd. I „).**

Durch meine Theorie wird das Problem Welle-Teilchen-Dualismus bzw. Dualismus des Lichtes und der anderen elektromagnetischen Wellen bestens gelöst. Ferner wird durch diese Theorie verständlich, weshalb das Licht und die Wärme über so lange Strecken und Jahre übertragen werden können, ohne unterwegs einen wesentlichen Verlust zu erleiden .

Wie wir im Kapitel 22 dieses Buches näher sehen werden, erzeugt die Natur nur dort eine Quantelung, wo es auch erforderlich und sinnvoll ist, aber keineswegs dort, wo keinerlei Vorteile bestehen und wo es völlig sinnlos und außerdem hinderlich erscheint.

Im Rahmen dieses Kapitels konnten natürlich die Sachen nur relativ kurz dargestellt werden. Wegen einer ausführlicheren Darstellung der Einzelheiten dieser faszinierenden Phänomene wird deswegen verwiesen, auf **meine Bücher „Große Geheimnisse des Universums Bd. I " ,** „Revolution der Astronomie und Physik" und „Das Geheimnis der Entstehung des Universums, meine DPNS-Theorie" , ferner auf meine diesbezüglichen wissenschaftlichen Arbeiten.

Kapitel 20

Hatte Galilei Recht?

Ist die Behauptung von Galilei, daß die gleichförmig gegeneinander bewegten Bezugssysteme gleichwertig seien, richtig?

Es soll danach unmöglich sein zu unterscheiden, ob ein Bezugssystem sich in absoluter Ruhe befindet, oder ob es sich mit einer konstanten Geschwindigkeit geradlinig bewegt .

Die Physik hält bis heute d.h. ca. 400 Jahre nach Galilei immer noch daran fest, aber dies besagt keineswegs, daß das deswegen richtig sein muß.

Haben Sie schon darüber nachgedacht, welche Probleme diese Behauptung aufwirft?

Anhand der 2 folgenden sehr einfachen Beispiele möchte ich versuchen ,die aufgeworfene Problematik klar und für jedermann verständlich zu machen :

1. Nehmen wir einmal an ,daß Sie in einem **stehenden Zug** z. B. in München sitzen , und   auf dem

Nebengleis sich ein Zug z.B. in Richtung Stuttgart bewegt . **Wenn Sie den sich bewegenden Zug fixieren würden, so würden Sie plötzlich den Eindruck bekommen , daß <u>Sie</u> sich mit Ihrem Zug bewegen und der andere sich tatsächlich in Bewegung befindlichen Zug auf dem Nebengleis steht .** Diese Systeme können aber keineswegs gleichwertig sein, da der andere sich bewegende Zug auf dem Nebengleis etwas später tatsächlich in Stuttgart ankommt, während Sie immer noch in München sitzen. Diese 2 Systeme waren also **keineswegs gleichwertig**, wie die Tatsachen es zeigten.

2. Sie kennen sicherlich das sogenannte **Zwillingsparadoxon** : Wenn einer der Zwillinge sich mit sehr großen Geschwindigkeit nahe der Lichtgeschwindigkeit von der Erde wegbewegen würde und nach einer gewissen Zeit zur Erde zurückkehren würde, würde er feststellen, daß sein Zwillingsbruder auf der Erde erheblich älter geworden ist als er .

Wenn beide Systeme gleichwertig wären, so würde sich die Frage erheben, weshalb nicht der andere Bruder , der mit großer Geschwindigkeit auf die Reise gegangen ist nicht älter geworden ist als sein Bruder , der auf der Erde geblieben ist, zumal aus seinem Gesichtpunkt die Erde (mit seinem Bruder darauf) sich mit großer Geschwindigkeit wegbewegt hat und nicht er .

(Es wurden bewußt viele Fachausdrücke und Besonderheiten der Beispiele weggelassen und die Sachen sehr vereinfacht und schematisiert dargestellt, um den Sachverhalt möglichst für jedermann besser verständlich zu machen)

Wir sehen also, daß Galilei keineswegs Recht hatte und seine Behauptung nicht ganz zutreffend ist.

Wir müssen aber bedenken daß wir im Universum (bis jetzt!) keinen festen Orientierungspunkt d.h. keinen fixen Punkt haben, da wir bisher nicht wissen, wo z.B. das Zentrum des Universums ist.

Ich habe jedoch Theorien und Methoden entwickelt, mit deren Hilfe man experimentell feststellen kann, wo das Zentrum des Universums sich befindet.

Sobald wir die Lokalisation des Zentrums des Universums gefunden haben und somit einen fixen Orientierungspunkt haben, wird die Behauptung von Galilei endgültig und total widerlegt und wird sich als völlig falsch herausstellen, da wir ab dem Zeitpunkt definitiv und klar sagen können, was sich tatsächlich und wie viel bewegt , und was nicht.

Kapitel 21

Muß

wissenschaftliche Forschung

teuer sein?

Im Kapitel 2 dieses Buches bin ich ausführlich auf die heutigen **Experimente der Teilchenphysik** eingegangen, und darauf hingewiesen, daß Sie als Experimente für die Erforschung der Elementarteilchen und des Aufbaus der Materie **überhaupt nicht geeignet** sind.

Es muß hier ausdrücklich darauf hingewiesen werden, daß solche Experimente **äußerst aufwendige sogenannte Teilchenbeschleuniger** erfordern . **Es sind bisher viele Milliarden Beträge in solche Anlagen investiert worden, mit einem katastrophalen und sehr wahrscheinlich überhaupt nicht brauchbarem Ergebnis.**

An anderer Stelle (im Kapitel 18) habe ich auf die **äußerst teuren und aufwendigen Experimente** hingewiesen im Zusammenhang mit der **Erforschung der Gravitationswellen** durch unterirdischen Tunnelanlagen usw. , **die ebenfalls völlig umsonst waren und dies schon vorher absehbar waren.**

Solche Art wissenschaftliche Forschung verursacht nicht nur Milliarden Beträge, die völlig umsonst sozusagen in den Sand gesetzt werden , sondern sie verursacht , daß über sehr lange Zeitabschnitte an absurden Projekten festgehalten wird und dadurch die Forschung in eine völlig falsche Richtung geht.

Ein weiteres Beispiel für unnötige Kosten bei der **wissenschaftlichen Forschung ist die Erforschung im Rahmen der bisherigen Suche nach erdähnlichen Planeten im Universum** (vergl. auch **mein Buch „Große Geheimnisse des Universums Bd. II“)** .

Es ist hier ferner zu erwähnen **die unnötigen enormen Kosten** beim vergeblichen Versuch von **Kommunikation mit anderen Zivilisationen im Universums** (vergl. auch **mein Buch „ Große Geheimnisse des Universums Bd. II“).**

Ein äußerst markantes Beispiel ist außerdem die **Raumfahrt**. Zahlreiche Unternehmen der Raumfahrt waren absolut überflüssig. Die meisten Entdeckungen und Experimente, die nach unserem heutigen Stand der Technik und mit unseren heutigen technischen Mitteln möglich waren, sind bereits gemacht worden. Deswegen sollte man vor jedem neuen Raumfahrtunternehmen genau überlegen , ob es wirklich notwendig ist, auch wenn ausreichend Geld dafür vorhanden ist.

Diese Art wissenschaftliche Forschung bedeutet somit für die Wissenschaft keinen Fortschritt, sondern im Gegenteil sie sorgt dafür, daß die Wissenschaft über Jahre und Jahrzehnte in falsche Richtung geht und dadurch um viele Jahre zurückgeworfen wird.

Jede wissenschaftliche Forschung fängt im Kopf an und erfordert vor allem einen hellen Kopf, sehr gutes Denkvermögen, sehr gute Fachkenntnisse, gute Logik , ein gutes Konzept und etwas Phantasie. Dies alles **kostet nichts**, erfordert nur eine gute und kritische Auswahl.

Viele Forschungsprojekte könnten mit geringen finanziellen Mitteln äußerst erfolgreich durchgeführt werden. Früher verursachte wissenschaftliche Forschung keine hohen Kosten . Heute sind die Dinge zwar meistens etwas komplizierter geworden, eine damit verbundene Kostenexplosion ist jedoch keineswegs gerechtfertigt.

Diese Kostenexplosion hängt teilweise auch damit zusammen , daß einigen Forschungsstätten ziemlich kritiklos massiv Gelder zur Verfügung gestellt werden, in der Hoffnung, je mehr Gelder verfügbar, desto mehr gute Ergebnisse . Die Tatsachen der letzten Zeit zeigen aber, daß genau das Gegenteil der Fall ist.

Bei der wissenschaftlichen Forschung wird öfters zu viel unternommen und zuwenig nachgedacht. Es werden häufig Experimente durchgeführt, die äußerst kostspielig sind, und bei denen häufig schon vorher bei

kritischer Überlegung zu sehen war, daß sie zum scheitern verurteilt sind.

Zusammengefasst, es werden zahlreiche wissenschaftliche Experimente gemacht, die keineswegs erforderlich und teilweise schon von vornherein zum scheitern verurteilt sind . Es werden Milliarden Beträge umsonst ausgegeben und praktisch in den Sand gesetzt.

Deswegen wird es Zeit , daß man zunächst gründlich vorher überlegt, ob einige Experimente überhaupt erforderlich und überhaupt aussichtsreich erscheinen, bevor man damit anfängt.

Die Antwort auf die eingangs gestellte Frage lautet deswegen:

Wissenschaftliche Forschung muß nicht teuer sein, sondern es muß auch hier das Prinzip der Wirtschaftlichkeit und Effizienz eingeführt werden und auch über die Kosten kritischer als bisher nachgedacht werden . So würde die wissenschaftliche Forschung erheblich effizienter werden.

Kapitel 22

Sind die Zeit und der Raum auch gequantelt ?

Meine Theorie

über den eigentlichen Sinn der Quantelung, der Konstanz der Atommassen und des

Gesetzes von Proust

Die Frage nach der Quantelung der Zeit und des Raums kann am besten beantwortet werden, wenn man über den **eigentlichen Sinn der Quantlung** nachdenkt und den Sinn entdeckt.

Zunächst wollen wir uns damit auseinandersetzen, weshalb die **Atome** eines Elements wie Wasserstoff immer eine **fest definierte Masse** besitzen . Ferner weshalb **nur bestimmte Mengen eines chemischen Elements** wie Wasserstoff sich mit **bestimmten Mengen eines anderen chemischen Elementes** wie z.B. Sauerstoff verbinden können und nicht etwa beliebige Mengen, die dazwischen liegen ?

Die letztere Tatsache ist in der Chemie seit geraumer Zeit bekannt als das Proustsche Gesetz der konstanten Propotionen , und wie wir inzwischen wissen, beruht dies auf atomaren Strukturen der Materie, nur der Sinn dieser Tatsache war bisher ebenfalls völlig unbekannt.

Meine Theorie über den eigentlichen Sinn der Quantelung, der Konstanz der Atommassen und des Gesetzes von Proust   :

1. **Die Natur ist zwar sehr variabel, aber die Variabilität hat feste Grenzen, sonst würde ein totales Chaos entstehen.**

   Jedes chemische Element muß nur <u>ein</u> bestimmtes Gewicht haben und somit nur über <u>eine fest definierte Masse</u> verfügen, damit die Variabilität nicht allzu groß wird und ins Unendliche ausufert.

   Wenn die Atommassen beliebig und stufenlos variabel wäre, würden z.B. alleine dadurch unendlich viele verschiedene Wasser- oder Kochsalz-Moleküle entstehen und ins Chaos

führen. Dann würde z.B. die Variabilität der Menschen und Tiere, die jetzt auch groß genug ist, erheblich größer werden und ebenfalls chaotische Dimensionen annehmen.

Denn auch so sind die möglichen chemischen Verbindungen der Elemente äußerst groß und groß genug, und dadurch auch die Möglichkeit einer ausreichenden Variabilität . Die chemischen Elemente müssen sich nur in bestimmten Mengen miteinander verbinden können, damit nicht unendlich viele chemischen Verbindung entstehen können, die außer der Entstehung eines Chaos , keinen weiteren Sinn hätten.

Trotz dieser „Einschränkung" durch die Natur besteht die Möglichkeit der Entstehung zahlreicher chemischen Verbindungen, die wie bereits erwähnt, mehr als ausreichend sind ,wie wir alle aus der Chemie kennen, **und trotzdem hat die Natur all das zustande gebracht, was wir in der Natur kennen und es sind sogar auch sehr große Moleküle entstanden, wie z.B. DNS-Moleküle , und somit Lebewesen einschließlich Menschen.**

Genauso ist es mit der Quantelung der Energie. Wenn sie nicht gequantelt wäre bzw. wenn die Quantelung beliebig und fließend variabel wäre, würde dies zwangsläufig zum Chaos führen.

2. Ein weiterer sehr wichtiger und unerlässlicher Grund für die Quantelung der Energie , Konstanz der

Atommassen und des Gesetztes von Proust ist die **Wellenstruktur** der Energie und Materie. Wir wissen, daß sowohl die Materie , als auch die Energie aus Wellen aufgebaut sind . Jede Welle besitzt bekanntlich eine **Wellenlänge** und sogenannte Knoten und Bäuche. Jede Welle braucht entsprechend ihrer Wellenlänge eine bestimmte Raumgröße , damit sie überhaupt entstehen bzw. sich entfalten kann. Es ist dabei selbstverständlich , daß z.B. eine Welle mit einer Wellenlänge von 1 cm einen Platz von 1, 2, 3 cm usw. zur Verfügung haben muß, aber keineswegs 1 ,5 cm . **Dadurch entsteht zwangsläufig eine Quantelung.**

3. **Ein dritter wichtiger Grund sind die Resonanzerscheinungen**. Bekanntlich führen Resonanzerscheinungen zum längerem Erhalt, zur Verstärkung und Stabilisierung der Wellen. **Für die Entstehung der Resonanz sind aber bestimmte jeweils vorgegebene Dimensionen erforderlich.** Das kennen wir z.B. aus den Musikinstrumenten und insbesondere von Blas- und Streichinstrumenten. Wir wissen, daß diese erforderlichen Dimensionen für die Entstehung der Resonanz keineswegs fließend sind , sondern sie müssen jeweils bestimmten Größen entsprechen, damit eine bestimmte Zahl der Wellen darin Platz finden können , z.B. 1, 2, 3 mal eine Einheit aber keineswegs 1,5 mal. **Dadurch entsteht zwangsläufig ebenfalls eine Quantelung.**

Wir sehen also, daß die Natur eine Quantlung, eine Konstanz der Masse der Atome bzw. Barrieren und Zügel usw. nur dort vorsieht, **wo es unbedingt erforderlich ist** , damit im Universum kein Chaos entsteht und dadurch nicht das ganze Universum zerstört werden kann.

Weder für den Raum , noch für die Zeit gibt es irgendwelche Gründe oder eine Notwendigkeit für eine Quantlung . Insbesondere keine der oben genannten 3 Gründe sind hier weder vorhanden noch erforderlich.

In der letzten Zeit hat übrigens das Hubble-Teleskop die letzten praktischen Beweise dafür geliefert, daß im Universum weder die Zeit noch der Raum gequantelt sind. Die mit diesem Teleskop aufgenommenen Bilder von sehr weit entfernten Galaxien sind nämlich erheblich schärfer, als bei einer Quantelung sein müsste.

Damit ist nunmehr nicht nur theoretisch gegen die Quantlung der Zeit und des Raums Beweis geführt worden , sondern auch von der praktischen Seite.

Deswegen sollte dieses Problem nunmehr abgehackt und als gelöst und erledigt betrachtet werden.

Kapitel 23

Die Verteilung

der

Sterne und Galaxien

In fast jedem Astronomiebuch ist zu lesen, **daß viele Astronomen sich darüber wundern würden, weshalb die Sterne am Himmel ungleichmäßig verteilt sind.**

Auch bei der Verteilung der Galaxien wird gerätselt, weshalb sie ungleichmäßig ist ,und neuerdings wurde das Rätselraten noch größer, als durch das Hubble-Teleskop festgestellt wurde, daß zwischen den Galaxien leere Räume existieren **, so daß schollenförmige oder blasige Strukturen** entstehen würden **.**

Man versucht dies damit zu erklären, daß es am Anfang des Universums viele Unregelmäßigkeiten gab . Es erhebt sich jedoch sofort die Frage, **weshalb** es am Anfang diese Unregelmäßigkeiten gegeben haben soll .

Meine Theorie über den Grund der ungleichmäßigen Verteilung der Sterne und Galaxien :

Wir wissen, daß die Faktoren *Zufall* und *Wahrscheinlichkeit* in der Natur vorherrschend sind und praktisch alles darauf beruht.

Die Verteilung der Sterne und Galaxien am Himmel entspricht exakt dem Zufall bzw. den Wahrscheinlichkeitsgesetzen. Genau deswegen <u>muß</u> sie ungleichmäßig sein , und zwar genau entsprechend dem Muster , wie die Sterne und Galaxien uns am Himmel erscheinen . **Es gibt Stellen am Himmel, wo viele Sterne in Gruppen ziemlich eng nebeneinander liegen , und es gibt andere Orte , wo keine Sterne sichtbar sind und völlig leer zu sein scheinen.** Es gibt keine Stelle am Himmel, die genau so aussieht, wie eine andere Stelle .

Wir wollen uns nun ansehen, wie solche Zufalls- bzw. Wahrscheinlichkeitsprodukte aussehen.

Wir lassen uns z.B. regelmäßig über eine längere Periode Zahlen zuweisen , z.B. von einem Computer oder von einem Roulette-Spiel-Gerät , die wir als Punkte in einer Tabelle eintragen .

Das Ergebnis ist in der Abb. 1 dargestellt. Wir sehen, daß die Verteilung völlig **ungleichmäßig** ist. **Es gibt Stellen, mit vielen Zahlen nebeneinander, während es ebenfalls Stellen gibt, die gar keine Zahlen enthalten, also ganz leer** sind:

Abb. 1

Abb.2 zeigt die tatsächliche Verteilung der Sterne am Himmel, wie wir sie vorfinden, wenn wir nachts den Himmel betrachten, . Es gibt Stellen , wo viele Sterne nebeneinander konzentriert sind und es gibt Stellen , die gar keine Sterne enthalten und somit "leer" zu sein scheinen

Abb. 2

Die Ähnlichkeit der Abb. 1 mit der tatsächlichen Verteilung der Sterne am Sternenhimmel (Abb. 2) ist bestechend .

Es handelt sich praktisch um **dasselbe Verteilungsmuster.**

(Der einzige Unterschied ist die noch größere Variabilität der Sterne , die die völlige Zufälligkeit noch mehr unterstreicht , und dadurch bedingt ist, daß Sterne teilweise heller oder dunkler bzw. größer oder kleiner und zahlreicher sind , und daß sie ferner dreidimensional verteilt sind , so daß beim Anschauen der Sterne wir sozusagen gleichzeitig in mehrere Ebenen hinein schauen) .

Diese Bildgleichheit beweist somit die Richtigkeit dieser Theorie.

Ersatzweise können wir auch , anstatt durch Zahlen , ein Zufallsprodukt nachahmen , in dem wir etwa Salz oder Zucker in die Hand nehmen und versuchen gleichmäßig über eine Fläche zu verstreuen. **Wir werden sehen, daß die Verteilung immer völlig ungleichmäßig ist , auch wenn wir uns sehr anstrengen, so gleichmäßig wie möglich zu streuen , und praktisch ebenfalls genau so aussieht, wie in der Abb. 1 dargestellt.**

Wir wissen , daß das Universum am Anfang punktförmig war ,als die Expansion des Universums begann . **In dem sich expandierenden Universum entstanden und entstehen hier und da Sterne bzw. Galaxien , selbstverständlich entsprechend den Zufallsgesetzen.**

Deswegen *muß* die Verteilung der Sterne ganz ungleichmäßig sein , genau wie auf der Abb. 1 .

Auch und gerade Gruppen bzw. Haufenbildungen und größere Aussparungen (sogenannte leere Stellen) entsprechen den Zufallsgesetzen .

Wie bereits erwähnt, hat man versucht die unregelmäßige Verteilung der Sterne und Galaxien damit zu erklären, daß es am Anfang des Universums viele Unregelmäßigkeiten gab.

Wie wir gesehen haben, handelt es sich jedoch bei dieser Annahme um ein großes Irrtum.

Auch dieses Irrtum und das lange und große Rätselraten über die ungleichmäßig Verteilung der Sterne ist für die Astronomie **schädlich** gewesen und hat Diskussionen ausgelöst , die unnötig gewesen sind und die **Astronomie zurückgeworfen** haben , wobei zu bedenken ist, daß eine falsche Denkrichtung öfters viele andere falsche Denkrichtungen nach sich ziehen kann , so daß der Schaden meistens immer größer wird, bis die Denkrichtung korrigiert wird.

Deswegen ist auch hier wichtig auf diesen Denkfehler aufmerksam zu machen, die Denkrichtung zu korrigieren, um weitere Schäden abzuwenden, bevor die Sache entartet und in völlig falsche Richtung geht.